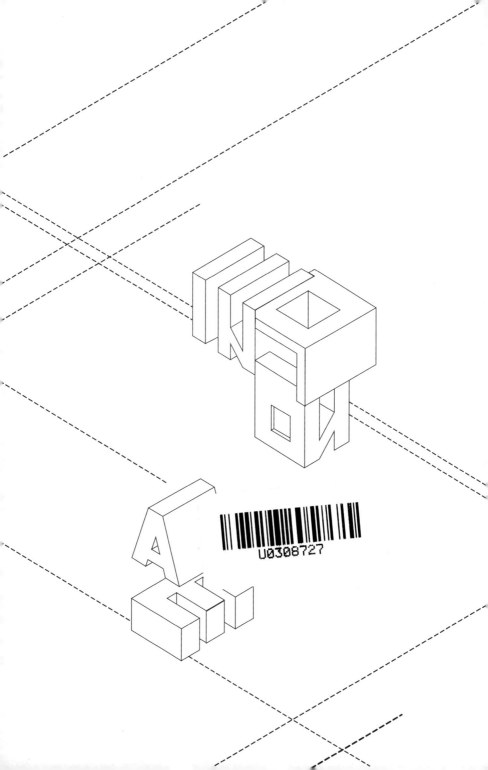

U0308727

INTRODUCTION TO
INNOVATIVE SPACE

南科人文通识教材系列·第一辑

创新空间导论

唐克扬 著

四川人民出版社

图书在版编目（CIP）数据

创新空间导论／唐克扬著. —成都：四川人民出
版社，2024.10. --ISBN 978-7-220-13232-2

Ⅰ. TU238. 2

中国国家版本馆 CIP 数据核字第 2024GH3810 号

CHUANGXIN KONGJIAN DAOLUN

创新空间导论

唐克扬　著

出　版　人	黄立新
责任编辑	姚慧鸿　王其进
装帧设计	李梦遥　李宣谊　王天甲　李梦瑶
责任印制	祝　健

出版发行	四川人民出版社（成都市三色路238号）
网　　址	http：//www. scpph. com
E-mail	scrmcbs@ sina. com
新浪微博	@四川人民出版社
微博公众号	四川人民出版社
发行部业务电话	（028）86361653　86361656
防盗版举报电话	（028）86361653
印　　刷	河北鹏润印刷有限公司
成品尺寸	140 mm×203 mm
印　　张	9.5
字　　数	203 千
版　　次	2024 年 10 月第 1 版
印　　次	2024 年 10 月第 1 次印刷
书　　号	ISBN 978-7-220-13232-2
定　　价	78.00 元

内容简介

　　创新空间既非空间的装修装饰，也不是简单地为房子装备"高科技"。它可以是我们身边常见的教育、工作、生活环境，也可以是高生产力机构的办公室、创新工场、科技园，由不同尺度的自然景观、建筑、开放空间、室内设计、家具、设备共同组成。创新空间除了自身有新颖的设计让人耳目一新，它也可以激发在其中学习、工作、生活的人的创新能力。

　　《创新空间导论》是笔者自2007年以来不断构思，并在数所大学教授的一门空间设计课程，本课程从零开始，简明地介绍当代创新空间设计涉及的基础知识，例如建筑学与城市研究、工业设计与新媒体设计等。以这些专业知识为工具，课程旨在培养一个受教育者在跨学科背景下的核心思考力，锻炼学生以各种工具手段介入日常生活的行动力。本课程希望通过学生的动手实践，来深化与拓展课堂中的习得。理想情况下，他们将有机会改造甚至新建一个真实的空间，如果条件有限，课程的产品也可以是一整套"假戏真做"的设计方案。学生将利用一切可能的手段，从概念、过程至最终结果，记录课程学习中有价值的信息，经过调查、制作、摄影、绘图、建模，经由对信息的遴选、加工、编辑、设计，整合出汇报文件：书、视频、PPT或其他呈现形式。

Introduction

The innovative space is neither the architectural decoration nor a simple new place with "high-tech". It could be either the common educational, working, and living space around us, or the office, workshop, science and technology park of high-productivity institutions that are composed of natural landscapes, architecture, open spaces, interior design, furniture and utilities of different scales. Besides simply being the new, eye-opening design, the innovative space itself could stimulate the creativity of people who study, work, and live within it.

Introduction to Innovative Space is a course the author has designed and amended since 2007, the beginning of his teaching career. This course started from scratch, and introduced the fundamental knowledge of modern innovative space design, for example, architecture and city studies, industrial design and new media design. Utilizing these professional knowledge as tools, the course developed students' core thinking ability under the interdisciplinary context and honed their ability of intervening in their daily life with all kinds of tools and techniques. In hopes of strengthening and furthering students' learning through practical exercise, the output of this course might be a real project, constructed or well prepared to be realized. Students need to utilize all kinds of means to document all valuable information during course learning, from the concept, process, to the final results. A book, videos, slide decks, or other forms of presentation will be handed in through investigation, production, photography, drawing, modeling, selection, reprocessing, editing, and designing of information.

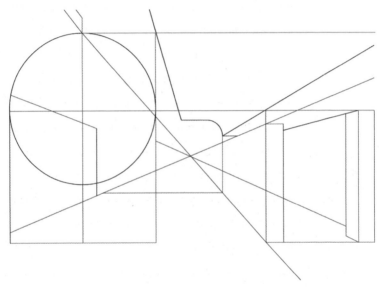

A Snowing Room
屋里下雪的房间
Display of Art History in Space
空间中呈现美术史
Designers' Town
设计师小镇

2

ABOUT SPACE
有关空间

3

SPACE INNOVATION AND INNOVATIVE THINKING
空间创新和创新思维

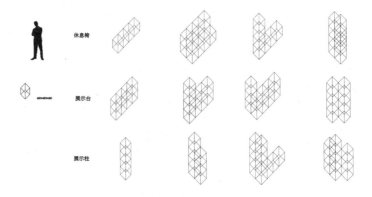

休息椅

展示台

展示柱

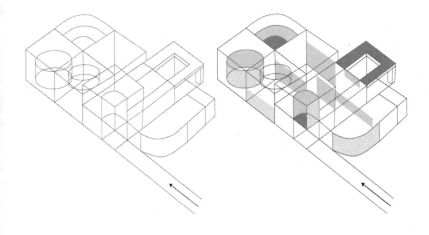

4

THE BASIC CONFIGURATION OF INNOVATIVE SPACE
创新空间的基本构型

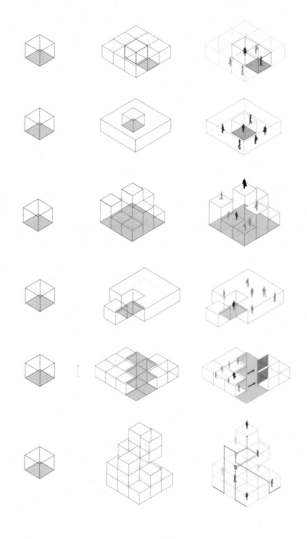

5

INNOVATIVE SPACE CHANGES US
创新空间改变我们

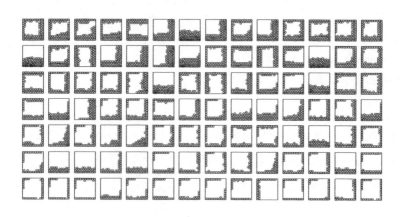

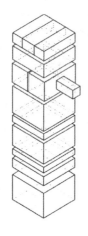

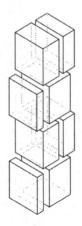

缘 起

南方科技大学专家公寓楼室内照明设计概念图

详见 P227 专家公寓大堂接待空间

为什么研究创新空间
Why Study Innovative Space

　　很多小朋友都有搭建玩具屋的经历，即使在条件不好的年代里，农村或城市的孩子也能向大自然学习，用泥巴、秸秆、树枝、石块等，做出一个迷你工程。可以说，建筑是人类的基本冲动之一。

　　除了遮风避雨的实际需求，建筑还有更复杂的属性，在建筑行为中有三种东西得到了释放。其一，建造和建造体验，是生物体在三维世界中安顿自身的一种本能。今天的年轻人中流行"二次元"文化，他们想象中的"平面国"也许是人类文明向着更高阶段发展的产物，但是也有可能带来退化和堕落。回归真实的、立体的世界，是回归人的生物体本能。这些本能包括筑巢、识途和在大自然中趋利避害。其二，空间结构内化了特定的社会发展模式，模拟和规范了有实际后果的社会交往。基于人类独有的智慧属性，我们可以有意识地发展前所未见的空间结构，并以此引领、调控和反思实际的社群建设。我们这本教材最基本的诉求是：创新空间并非一种奢侈品，不是属于专业人员和城市权力部门的专利，我们完全可以**用极低的代价更新某些日常空间——基于完善的素养和正确的判断，利用适当的工具和资源，有效进行艺术表达和社会沟通**。这样，创新空间可以成为日常生活的土壤和推动力。最重要的是，建设者应该富有理论联系实际的作风和永远朝向未来的积极人生态度。

南方科技大学人文学院室外景观拼贴（局部）

建筑依然属于工地状态，对于校园建筑的想象已经展开在这个意义上说的空间创新，虽然很大程度上不能脱离建筑学的基本范畴，但是，它并不等同于创新建筑设计。否则，这本书就会变得无边无际——要知道，古往今来，所有的建筑革新都可以称得上"空间创新"。如同后面所提到的，本书中提到的空间创新，是在有限的范围内，**基于中国国情和最急迫的需求，面向那些大多数人都熟悉的日常空间进行的创新**。同样，空间创新虽然具备一定的技术含量，但它的成果并不限于某项建筑设计专利，恰好相反，空间创新的效益，往往出现在那些门禁松弛的公共领域，门槛基本不高。**如果一个空间能够促成人们更加积极地改变现状，创造性地看待他们自己的工作、学习和生活，那么这样的空间就已经具有最大的创新意义。**

从身边之事开始

创新空间并不是建筑专业师生的专利。此类"项目"往往是使用者基于他们切身的感受，通过和空间营造者的密切沟通而催生出来的。本书中的大部分"项目"都是身边事，基于同一个空间里系统而持续的需求，可以产生丰富而立体的解决方案。

屋里下雪的房间
A Snowing Room

芝加哥，1999 年

　　大学时我错过了报考建筑学专业的机会。直到一个冬天的晚上，也才二十来岁的我，和一位年纪更长的朋友在一起——他毕业于一所著名的建筑院校。我盯着窗外说：**"我一直梦想屋子里也能下雪，温暖的室内，看着雪花飘进屋里……能设计一座这样的建筑吗？"**

　　他很疑惑地看着我："雪水融化了以后流到哪里？"

　　我不知道……我猜地板下面有个暗道可以流掉。其实我是这个意思：屋子里有根玻璃管子，上面通到露天，下面自带排水。这个点子最吸引我的是：**这根管子究竟属于室内，还是室外呢？**

　　他终于弄懂了我的意思，流露出一丝不屑，说："这个想法太小儿科了！早就有类似的建筑设计了，任何一个四合院不都是吗！"

　　我想争辩，四合院太大了，不是一根"管子"，下雪的时候，它依然是在你的"外部"，不是在室内那样的"身体"里。但是他好像没有听懂，好像也不觉得这件事很有趣。

一种让外部环境进入室内的空间

屋里下雪的房间

空间中呈现美术史
Display of Art History in Space

深圳，南方科技大学，2018—2019 年

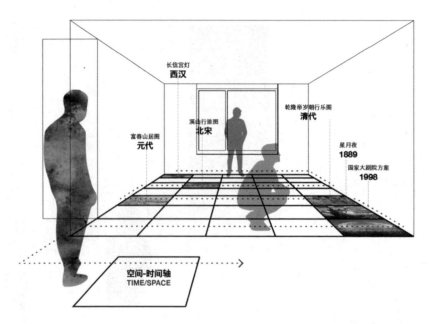

长信宫灯
西汉

溪山行旅图
北宋

乾隆帝岁朝行乐图
清代

富春山居图
元代

星月夜
1889

国家大剧院方案
1998

空间-时间轴
TIME/SPACE

空间中呈现美术史概念示意图

重新建构一个理解
美术史的维度

随机挑选一些图片作品，遵循它们的时间属性，按照先后顺序贴在公共教室的方格地面上，每个方格一件作品，使地面构成一条比例相当的"时间线"。例如西汉时期的作品《长信宫灯》和北宋时期的作品《溪山行旅图》之间的格子数目，恰如后者与作品《国家大剧院》之间的格子数目。

这种做法的实际好处，是可以使学生直观地看到"历史"的客观量度——空间变成了时间的前提。为了说明某些风格之间存在断续或者"隔代相传"乃至"周期循环"的现象，我们可以将原来设定的直线变更为曲线、点状线、折线，或者让这条线拐弯回到与起点邻近的地方。毕竟我们教室的面积有限，不可能容纳一条直来直去的巷道，构成足够长的方格序列。

如果说最初的练习仅是为了量化抽象的历史年表，便于学习，那么接下来的变化就完全因应了上述的准则：对美术史内含时间的空间推演，并非只是重复已经存在的故事，它也势必将重新建构一个理解美术史的维度。这种可见的空间结构联系着具体事物间的关系和逻辑，漫步在地板格子所组成的美术史时间线上，每一件作品在真实空间的排布形式，将具体地改变美术史时间的结构。

设计师小镇
Designers' Town

北京城市副中心，2021 年

我们想要什么样的设计师城市？

这是创新空间的极大所指。**我们想要设计师和设计师之间、设计师和城市功能之间适配互补的城市。**设计师本身构成一个小镇，为了维持其活力，需要避免单极化的城市发展，还要使得这个小社会能够消化一部分城市亟需的功能：不光有设计，还有吃吃喝喝，人间烟火。

我们想要重点为年轻创意社群提供工作、生活、娱乐一体化的城市空间。"为年轻人的城市"并非简单贴标签，排斥其他年龄段的人群。相反，我们需要仔细研究"年轻"创意社群对应的具体的社会信息和立体的社会结构。

我们想要既是工作地，又是休闲目的地的城市。

我们想要好玩、好评、好消费的城市。

我们想要文化搭台唱戏，科技助力未来的城市。

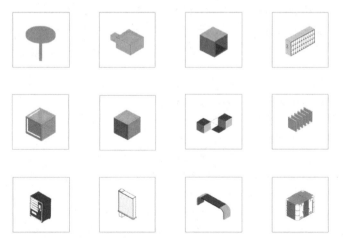

构成复杂城市功能的各类要素：从售卖机到城市家具

8

设计师小镇的设计以"动画片"形式呈现，它不仅五颜六色，还可以"动起来"

第一章
什么是创造性工作

三原则

结构

准确

效率

四阶段

素养和判断

工具和资源——可变空间

表达和沟通——图和模型

实操和验算

书籍 × 建筑

2021 年清华大学未来实验室空间
与媒体国际学术工作坊海报："信息建筑"的生成
参见 P152 独立式可变书架概念

三原则

01 结构

结构 准确 效率

　　我们时常听到创新点这种说法，却忽略了点后面还有线和面的问题。过于强调创意和天赋，更是用点子抹杀了创新过程的意义。事实上，每个在人际层面产生意义的空间创新，都是系统工程的结果，始于对一个问题或现象的全方位理解。为了能够持续创新，我们要求创新学习者树立一种结构性的思维方式，由面及点，由线及点，再由点回到线和面，好比"张开一张大网"处理现实问题。结构性思维是建筑学科典型的思维方式，但并不是建筑学科所独有的。

结构性思维训练课
Structural Thinking Classes

中国人民大学商学院 MBA 课程，中国人民大学明德楼，2014—2015 年

本课旨在熟悉我们时常碰到的若干原型结构及其生成。课程首先介绍结构的一般定义，它既不是超验的，也不可能用有限的公式和规律来代表。相反，我们需要理解，**结构整体地内含和建构于具体的情境之中。**它涉及特定的哲学和世界观，既是抽象的，也有着特定的感知形式和技术路径（比如建筑结构）。**归根结底，结构和人有关。**

课程始于一系列热身练习，如让学生在课程现场寻找实体化的结构形式，比如地砖的铺砌形式，电力、照明管线的组织逻辑，房间的平面排布，等等。教师因此需要事先对授课场地心中有数。部分学员可能在生活经验中熟悉了类似于筒子楼、"大裤衩"这样的特殊结构形式，教师也会引入一些艺术史、建筑史中的特色案例，例如希腊人就已经借用的"记忆之宫"（MEMORY PALACE）。

场内练习是本课程的实战重点，教师需要提前购买一批多样性的小商品（数量取决于听课人数），并准备模型工具和搭建实体商铺的标准立方体纸箱。学员需要用学到的知识分组搭建若干拟真的"淘宝店铺"。这些"店铺"包含了学员抽到的小商品之间确定的、特殊的结构关系。学员需要构造出自洽的逻辑来解释搭建结构的现实意义，可以是有趣的故事，或者在朴素的结构上为"淘宝店铺"添加恰当的图像。

结构性思维训练课程远离抽象理念，基于真实的情境和主题来把握原型结构的意义和效用。**它是互动的学习过程，尽可能地利用日常物品和现实空间，强调生动的呈现和即时的沟通。**

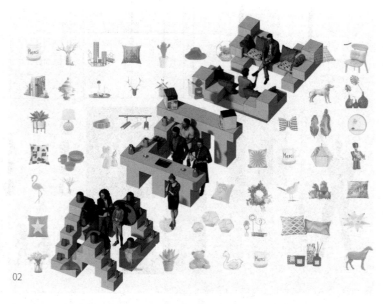

01—02 中国人民大学商学院 MBA 课程 "淘宝店铺" 游戏概念

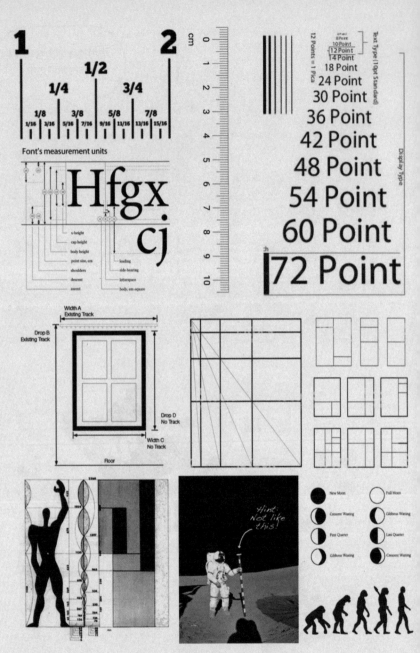

绝对量度（上）、适配内容的量度（中）和人因量度（下）

源于非标准的生活细节和标准的产品量度之间的差异，我们强调面对特定对象的创新与有条件的创新

三原则

02 准确

在现代生产中，生产者利用生产工具，将各种原材料或半成品按照特定顺序连续同时加工，最终产生成品。不像前现代条件下，生产往往只取决于原材料、粗放型技术和经济优势，对于现代生产，不同的生产能力、生产精度与工人的熟练程度、协同能力等因素都至关重要。**空间生产本质上是一种现代生产而非单纯的艺术创作，我们强调面对特定对象的创新与有限条件下的创新。**大多数时候，评估创新的效益需要以特定的投入匹配特定的问题，评价的标准是相对的而不是绝对的。

左图
从柯布西耶的"模度"(Modular) 人到宇航员登月时手持的标尺，万物皆有量度。
不管窗户尺寸标注还是字号大小，从纸张尺寸（A0—A5）到月相（阴晴圆缺），由螺丝尺寸以至人的身材……无一不是对"准确"可度量的追求。不同量度之间不易互换。设计却属于大工业领域，标准化有利于提高生产效率、降低成本，如何以标准适配非标准，是设计的中心难题。

误差的概念
The Concept of Error

设计产出中误差的标准和控制

空间设计中的误差是指设计意图与真实产出、理想功能和实际使用之间的差值。只要不是单纯从设计师一方的"完成度"着眼，我们**会发现误差是不可能完全消除的，**尤其是创意不匹配糟糕的现实环境时，误差的问题尤其明显。问题是使用什么样的办法，**尽可能地控制误差和减少因设计、施工和管理引起的误差。**例如使用一个均匀的网格和多个参考基准点作为空间设计的依据，可以有效地减少单一基准点可能造成的巨大的累积误差；又如考虑因人而异的不同，可以减少由使用习惯导致的误差，等等。

在建筑设计中，误差常常为设计师所忽略。除了简单的重复和对位（比如房门后的家具避让开门）之外，大部分误差会体现为某种缺乏基准和构造逻辑的"视觉效果"。如果概念阶段空间设计的"分辨率"不够高，那么人们也不大会在意那些只是在用户端才会变得明显的"误差"。实际上，这些貌似微不足道的误差，会导致建筑空间最终的变形、变质，并影响用户的实际感受。

因为人的尺度本身的多样化（高矮胖瘦等），日常空间的设计通常难以拥有确定的标准。但是，与此同时，日常空间又不可避免地需要一定的"模度"，以便使得设计过程有章可循、有理可依。设计过程讲求"精确"，为空间设计中直接引入精度要求较高的工业化产品提供了方便，与此同时，还让设计师不至于纠结于主观的风格和趣味，能够实现多人协作，让占比较大的"普通设计"和"规模设计"多快好省地完成。

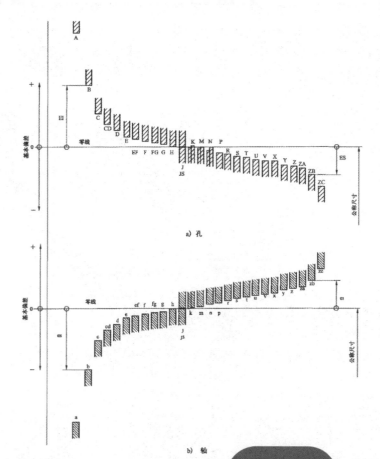

a) 孔

b) 轴

基本偏差系列示意图
该图引用自 GB/T 1800.1-2009
产品几何技术规范（GPS）极限与配合
第一部分：公差、偏差和配合的基础

意图、真实与标准

* 误差是相对的而不是绝对的

在设计的语境中，误差是相对的而不是绝对的。举例来说，上面
的偏差标准适用于精密机械设计，其单位时常精确到微米级别。
但是建筑结构设计施工中，厘米级别的误差并不罕见。对待误差
的正确办法是将其控制在一个可以接受的范围内，在大规模的和
全局的设计中获取最大的总体精确度和最佳的经济效益。这也是
我们常用统计学的术语讨论误差的原因。

清华大学未来实验室简易内部改造   摄于 2021 年

在时间紧迫的改造中，考虑简单（所见即所得）和无损（无任何黏合剂或打孔）的"软装修"

不是每种设计都需要大动干戈地"施工"

三原则

03 效率

　　创新并无确定目标，并非"新的"就是创新。一方面，我们说"太阳每天都是新的"；另一方面，我们又说"太阳底下无新事物"。虽然创新很难有定则，但是在很多时候，**创新的效率决定了创新的成败，因为效率直接带来效益**——"天下武功，唯快不破"。在具体的空间创新项目中，**用相对少的投入换来显著可见的成果，并为大多数参与者所认可，**才是目前阶段中国的创新空间实践者需要追求的目标。

少花钱多办事
Do More with Less

这是一个在校园建设体制内设计构思出来的艺术空间。除了先天不足的物理条件（面积、朝向、采光、通风、户外环境、建筑材料等），预算也是这个展厅最主要的外部限制条件。装修只能解决一部分问题，而另一些功能需要通过后期置备的"设备"才能实现：依照公立大学的财务规定，通常只有通过繁复而苛刻的招标手续和采购程序，才能够顺利执行一个性能高标的装修方案，购入价格不菲的"设备"。至于名目模糊的维护和运营费用，更是一个典型的难题。因此，**少花钱多办事不仅属于设计伦理，也必须是设计师让空间真正有用的思考前提。**

假如不只是一厢情愿地依赖优越的项目条件，设计师需要把创新空间看成一个不可分割的整体，然后将空间的各部分拆解成不同的、可执行的部件，在不同的项目阶段，利用不同的人力和财务资源分别完成。我们在这个展厅的初次装修中安装了大部分的"硬件"，比如地板、半透明天花板网格骨架和主展墙。但是图中可见的小展墙，则是利用两个相对廉价的杉木集成材书架在最后完成的。除了储存展厅的画册外，后者有至少以下数个附送功能：1. 展墙；2. 多媒体展览界面（操作界面在展墙的开孔后）；3. 展墙后隔出的储藏间（储藏间可以暂存扫把等杂物，使得空间的其余部分保持起码的洁净。带锁的玻璃门则提供了此类公共空间必要的安全措施）；4. 书架附带的可折叠（以金属链条连接）平台—翻转柜门是展厅 LED 装置廉价的中控操作台，可以容纳一个人在里面操作。

除此之外，U 玻上的 LED 装置、可以方便布展的软质展墙、可以拆卸的定制亚克力吊顶板，都为这个展厅的后续改装提供了最大的灵活性。

花费不到两千元由书架转换来的展墙，实际隐藏了展厅的杂物，既可储存图书资料，也具备了一个电子显示界面的前后台功能，还附送一个简易的下拉式电脑操作台！

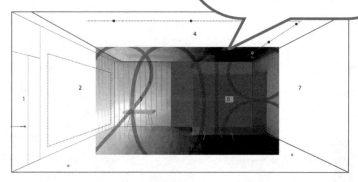

1 自动密码门锁（请务必使右半部始终保持关闭） Digital door lock, please keep the right part always locked	5 图书馆、储藏室及中央控制室 Lirary, Storage and Control Center
2 U玻+可编程LED互动界面 U-Glass + Programmable LED Interface	6 多媒体展示界面 Multi-media Interface
3 分格展台 Display Table	7 白色软木主展墙 Cork Sheet Wall for Major Display
4 可拆卸亚克力天花吊顶板及画廊照明系统 Flexible/Translucent Ceiling & Gallery Lighting System	8 竹地板及电源插座 Bamboo Floor and Electronic Outlets

空间与媒体实验室 SPACE & MEDIA INTERLAB

01

中国深圳·南方科技大学荔园1栋 | Southern University of Science and Technology (SUSTech) No.1008, Xueyuan Blvd, Nanshan Shenzhen, Guangdong P.R.China 518055

02

01 南方科技大学空间与媒体实验室展厅： 一部由不同部件组成的工作"机器"，2017 年
02 展厅中多用途的展墙（书架）： 背后的储藏间是创新空间的"良心"

21

张家口万佛寺书店庭园景观效果图

四阶段

素养和判断　工具和资源　表达和沟通　实操和验算

　　创新空间的原生动力来自一个人、一个群体的创造性，优秀的空间创新成果见于日常生活中的方方面面。但什么才是创造力最基本的生成路径？虽然大量的研究与此有关，却没有人能够提供一种培养创造力的标准公式。与此同时，缺乏创新特性的空间比比皆是。空间是人类社会生活的一般性载体，它天然会出现社会学层面和技术层面的分化，这让部分空间显得创新一些，另一部分却呈现出滞怠的特征。创新空间的实践呼唤某种底层理论，尽管它需要某种技术助力，但是又不会导向我们在一般学科中讨论的那种通用理论和技术。**简单夸大创新的意义，就和否定它的意义一样有害。**

　　我们只能粗放地说，**空间创新的能力产出，需要某种社会和文化的土壤。**那些想要在这方面提高自己的人，只有在长时段的知识积累和人生经验中，才能形成对创新空间主题的良好判断。更有甚者，创新空间的理念只有身体力行地兑现才有意义，它无法只停留在愿景和口惠的层面，而是需要实操和验算。

"北京—哥本哈根双城记"展览空间协商和展览设计概念　　　　　　　　2022 年

详见 P50 及 P184—185

一个在各方需求间获取最大公约数的方案,源自项目自身的限制和需求,以及集体协商。

与此同时,项目的最初表达构成了展览设计推进中主要和最终的线索。

因此，创新空间并不是一门严格意义上的学科，它类属于一种实践学科，随着政治、经济、社会的不断演化而发展。

法无成法，以上规律又不意味着创新空间的实践只能依赖于老师傅的经验之谈和随意发挥，至少有两个层面的准备和操演，可以极大地推动创新空间的孕育和发展。

首先是**客观约束条件**，我们并不将一个项目的边界和限制看成全然消极的因素，相反，我们相信创新的前提恰恰来自多方向和不同维度的界定，取决于你有什么样的工具和资源；其次，无论是就设计过程还是项目发展而言，出色的**互动和交流能力**，是双方良好表达和沟通的基础，即使"表面文章"也是极其必要的，毕竟，创新空间的最终结果又会反馈回人的自身。对于空间的表达和使用，接受和阐释本身也是创新空间设计的一部分。

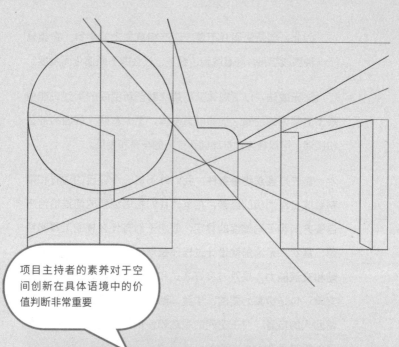

項目主持者的素养对于空间创新在具体语境中的价值判断非常重要

南方科技大学人文学院展厅空间设计概念　　　　　　　　　　　　**2020 年**

设计的起点不是造型考量，而是不足的展厅净高，需通过不同尺度的分级吊顶，最大化地利用原有的空间资源。

四阶段
01 素养和判断

兵法之妙，存乎一心。空间创新既然是不可重复的实践活动，它的面向就是极其广阔的，并不仅仅服从于技术法则，也具有主观特征和难以事后协商的社会性。项目主持者对于空间创新在具体语境中的**价值判断**是非常重要的。

南方科技大学人文学院展厅落成之始　　　　　　　　　　　摄于 2020 年

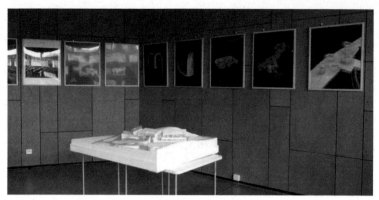

01 简易搭建的南方科技大学人文学院临时办公室展览区域　　　　　　　摄于 2017 年

类型 A　样板示范　Showcase

假想：在参观了麻省理工学院的媒体实验室后，这个项目的主事方要求在中国 A 市设计一个同样规模的创新工坊，上级领导视察时它会成为该市科教兴市的重要示范窗口。

02 正在地基平整和基础建设中的南方科技大学校园　　　　　　　　　　摄于 2017 年

类型 B　解决问题　Problem-solving

假想：B 市领导要求引入新技术解决一个新建游乐项目空间中的公共安全问题，以便防止在重大节日大量人群聚集时踩踏事件的发生。现有的人工措施和技术装备都无法完全规避这样的风险。

03 通过色彩和标识系统改造提升的南方科技大学树德书院公共空间　　　　摄于 2020 年

类型 C　改善局面　Improvement

假想：C 科技公司的办公室年久失修，设备老化。他们准备重新装修整个大楼，以期员工和访客获得更好的空间体验，同时也贴合创新公司自身的形象定位。

04 "双城记"以动态图解方式向小朋友演示可持续城市的运作原理　　　　摄于 2022 年

类型 D　科普未来　Visualization

假想：D 科技博物馆邀请设计师重新设计一个展厅，向全市观众尤其是青少年观众形象地说明大脑工作的机理。相较于科学家对脑科学不断更新的研究，原有的 3-D 大脑模型和简单媒体平台显得十分老套。

悬幅双面不同，可根据大厅活动需求翻转方向，利用造价低廉、技术简单的旋转条幅，排列组合，创造充分可变且具有导向功能的公共空间 详见 P134

南方科技大学理学院大厅设计方案效果图

四阶段

02 工具和资源 ── 可变空间

素养和判断　工具和资源　表达和沟通　实操和验算

本书所讨论的关于创新空间的基本假设，是在有限的投入下带来有限的产出。一部分人把投入看成某种消极制约因素（CONSTRAINTS），同时又有意无意地夸大了产出和使用的范围。

本书所讨论的空间创新，**用约定性的法则（RESTRICTIVE RULES）取代了公理（AXIOM）**。事实上，是一系列的既成事实（DE FACTO）沿着特定的方向排列，从而几乎自动推导出了一套适用于特定项目的法则（RULES）。这是我们讨论工具和资源的基本动机，因为工具是创新主体真正拥有的东西和创新的唯物主义基础，而资源是对施加于创新主体的外部条件最形象的描述：**你有什么，你能做什么。**

尽管如此，特殊的语境中对"工具"的定义依然让人摸不着头脑。因为工具的尺度和性状千差万别，和人的关系时远时近。比如：

- 诺贝尔奖得主的专利技术是否属于我们这里讨论的工具？

- 人手是不是一种工具？

- 计算机是不是一种通用型工具？如果计算机是一种工具，软件和算法是不也自然成为工具的一部分？如果使用早期的计算机尚需要一定门槛和技巧，越来越趋于智能化的万能计算机能否使创新变得更容易？

- 如同机器猫故事中那样的"任意门"，算不算一种工具？

以上典型问题没有法定的答案。在创新空间导论这门课中常做出这样的标准回答：**假如你无权使用一种工具，那么它并不属于我们讨论的资源。**你是否能真正使用／用好一种工具，往往也取决于你是否真正拥有它。"工具"和"资源"两个词在此是连带的关系。推究这层关系并非简单纠缠法律问题，而是涉及创新主体在实践中的地位：**合法、合情、合理。**毕竟，空间创新的目的是回到人自身。

进一步思考：空间创新是为了像科学家那样解决一个纯粹外部的问题，还是为了激发人成为它的创造物的一部分？

南方科技大学理学院大厅效果图

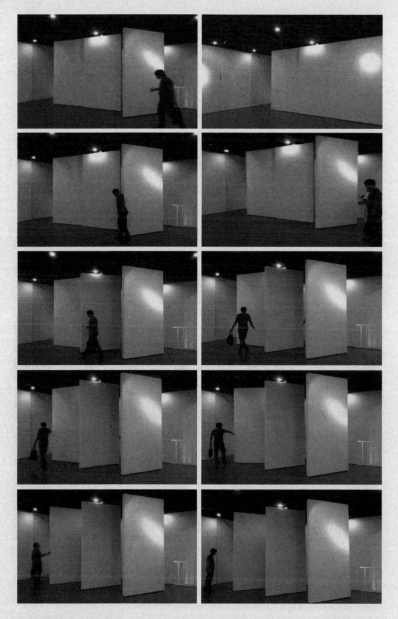

北京第零空间可变展墙   摄于 2014 年

可以方便地转化为门或墙，并且具备正反面透明或不透明的不同属性

限定资源的室内设计
Interior Design with Limited Resources

指定空间的分解与重组，中国人民大学艺术学院课程，2014 年

　　大部分设计的"奢侈"或"简朴"往往受制于项目的预算上限，或者由基本功能粗放地约定。通过这个练习，我们希望使学生意识到**空间自身是一种有限资源**，需要节约地使用。我们将一个指定的教室空间分解为若干元素，包括墙（仅限围护功能）、天花板、地板、窗户（采光面）、支撑结构（不同于仅限围护功能的墙）。将空间拆解成这些元素之后，学生需要将它们重新组装为具有不同功能的新空间，其中含有的元素**既不可多也不可少**。

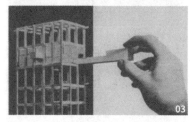

具有资源可持续意识的空间设计来源于数代建筑学人的努力

01—02 亚历杭德罗（Alejandro Aravena）"半屋"：将建筑空间的另一半交给使用者完成
03 勒·柯布西耶 多米诺体系的使用：标准框架结构中根据需要灵活插入居住单元盒
04 凡·艾克 阿姆斯特丹孤儿院：一种可以延伸，随场地条件变换的"毯式建筑"

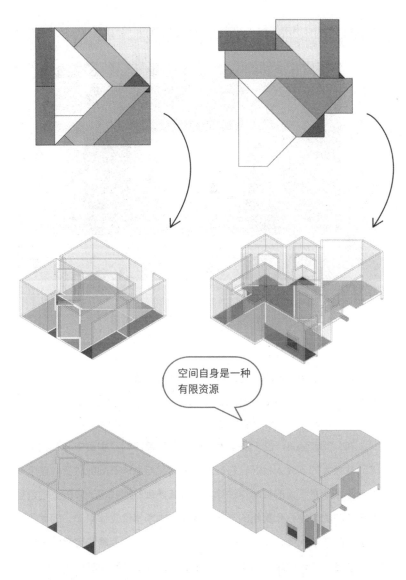

空间自身是一种
有限资源

不能多也不能少
绘制于 2012—2016 年

通过颜色可以方便地追踪原有"部件"的去向。这种七巧板式的拆解 - 组合在实际中并不可能也无必要，但是类似练习有助于训练学生在设计中的资源意识，让他们更能发现空间组成中的内部差异，因为各部件间往往不可通约。

WeCafe 室内空间原状与改造后影像拼贴　　　　　　　根据 2016 年照片处理

WeCafe 社交 + 共享办公空间
WeCafe Social + Shared Working Space

社交 + 共享办公空间，北京五道口华清嘉园，2016 年

　　706 青年空间，位于清华大学东门外五道口的"宇宙中心"，是个流动性极大的年轻人社区。它的形象随着参与者的不同而改变。这个成本有限且地方不大的咖啡馆设计，是没有多余的形式可计较的。它是空间含有的资源堆积和重组的产物，好比一本厚厚的立体菜单，随着不同人翻阅改变了次序；又好比一条随着车多车少改变观瞻和容量的道路，闲时观光，忙时行路。这里不像寻常咖啡馆总是满和乱的样子，大多时候人少，空间干净，可做美术馆级别的展览。只把应展示的少量东西放在外面,所有杂物包括食料都收纳在该去的地方。当有活动或物料增加时，可以最大限度地"扩容"，这里就能成为一个实用空间。

通过设计，每个变化的界面都提供了展示的可能，空间同时又是具备实用功能的"物"。几乎所有家具和空间隔断都可变化，它们不同的组合方式构成不同的活动条件，可以让各种使用方式并行无碍。我们既用美术馆的方法来管理咖啡馆，使得日常生活有其光彩一面；也用咖啡馆的体验模式注满文化殿堂，吃吃喝喝让高大上的空间不至于毫无人气。WeCafe 的意思是"我们就是咖啡馆"。此处的"我们"包含和我们有关的所有"物"和"事"，它们加在一起就构成了空间本身。

WeCafe 空间的不同状态

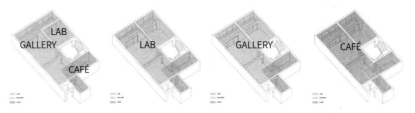

STATE 1
LAB 与 GALLERY 区域分隔开。两区域之间通过透明玻璃门相隔，互相窥探，发生一定程度的互动。

STATE 2
LAB 举办 GALLERY 活动，占用 GALLERY 区域。

STATE 3
GALLERY 举办展览。LAB 既是展览的空间，也是展品。

STATE 4
CAFÉ 举办活动时，使用所有的空间。

WeCafe 的界面概念
不同的界面对应不同的工作状态

1 . 迫在眉睫需要处理的事情：工作单元 (Desktop)
2 . 激发灵感的事情：灵感 (Inspiration)
3 . 工作完成：展示 (Exhibition)
4 . 需要挖掘的宝藏：收藏 (Collection)

和我们相关的所有"物"和"事"加在一起，就构成了空间本身

WeCafe 室内空间多场景使用图解，绘制于 2016 年

WeCafe 的设计步骤

STEP1 做减法

将降低层高的吊顶拆除。

01

STEP2 做减法

将中间的弧形分隔墙以及门头上的弧形装饰拆除。

02

STEP3 做减法

将吧台、厨房的门，以及室内两个塑钢门窗拆除。搬走室内的陈设、桌子及座椅。

03

STEP4 做加法

补全墙体，靠近楼梯那一面作为白色展墙。

04

STEP5 做加法

安装筒灯，并在墙体上预留出墙面插座。

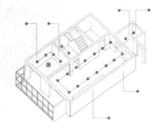

05

STEP6 做加法

将提前制作好的三个柜子、石膏平开门等在现场组装。

06

STEP7 形成界面

安装无框玻璃门窗，每个独立空间均有一扇平开门。

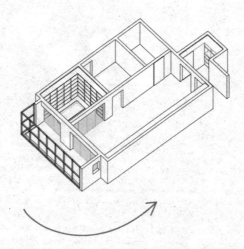

07

STEP8 变化的界面

在有玻璃隔断的地方安装活动卷帘，
通过天花板的固定构件固定卷帘。

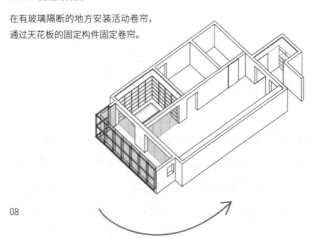

08

01—08 WeCafe 空间界面生成步骤推演

在基地上寻到的物品在空间坐标中的相互关系，让我们有可能用空间的内容来反推空间的形式

淘宝店游戏
Taobao Store Game

思维训练课程，多所大学建筑学院和设计科系，2008 年至今

通常的建筑设计过程几乎都不见空间中"物"的影响。自2008年开始，我们有意识地尝试**用空间的内容来反推空间形式的生成，**其中重要的思维训练是**对于"物"之品类的研究。**我们选择那些容易见到各种物品的语境，例如小商品市场、仓储货站、建材商城等。随机搜索不同类的"物"，打散、混合，按照团队合作与个人的不同角度，进行重新搭配、主动联想，并投射至新的空间原型上进行转化。

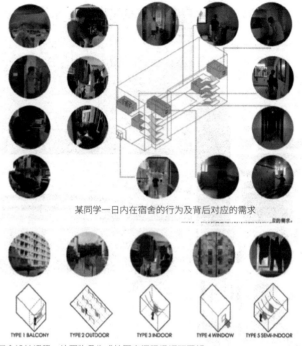

某同学一日内在宿舍的行为及背后对应的需求

......的需求。

| TYPE 1 BALCONY | TYPE 2 OUTDOOR | TYPE 3 INDOOR | TYPE 4 WINDOW | TYPE 5 SEMI-INDOOR |

南大概念设计课程：校园物品生成校园空间现场调研图解

校园物品生成校园空间
From Items to Space

南京大学概念设计课程，南京大学建筑学院，2016 年秋

　　建筑硕士生同学首先确定一个建筑史上的原型空间，将其匹配至将要改造的校园基地，接下来他们选择生活中的相关物品，经过适当扩展和随机选择以增加难度和多样性，利用已有物品的群组构想一个新的空间结构。这个结构和原型空间及校园基地之间存在着表面的差异，然而又可能构成**创造性的类比（ANALOGICAL）关系**。一般来说，由此产生的改造方案与通常的线性思维产生的设计构想会截然不同。

现成品构想的新空间结构与原型空间构成创造性的类比关系

校园物品生成明星空间：从标准（左上）到具体（左下）的转换（右上）

"物"的品类之盛使得我们无法简化设计，这是创新空间灵感的重要来源

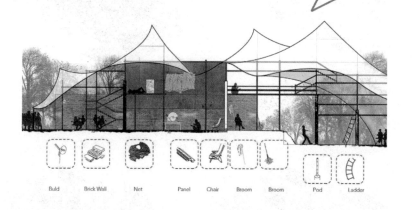

Buld　　Brick Wall　　Not　　Panel　Chair　Broom　Broom　　Pod　Ladder

资源导向的空间创新方法论

这里所说的资源是确实的、客观的，不可约简。与此同时，我们又要鼓励打破寻常建筑类型学的创新，进行"疯狂联想"（联想本身是传统建筑学的经典方法）。包扎带、衣架、纸杯、可乐瓶、塑料花……现成品随机配对产生的无意义组合，需要重新建立秩序和功能，在这个过程中产生空间创新所需的意想不到的"突变"（mutation）。

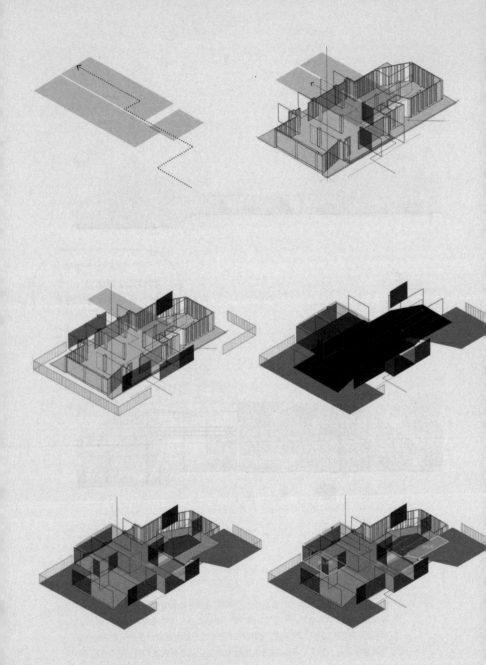

展览馆室内空间墙、楼板布置及展线设计图解　　　　　　　　绘制于 2019 年

四阶段

03 表达和沟通 ——图和模型

素养和判断　工具和资源　**表达和沟通**　实操和验算

　　很多设计师忽略了设计过程中表达和沟通的社会学意义，把供需双方的矛盾简化为不可调和的甲乙方关系。因此，空间创新教学中的表达和沟通主要涉及两部分内容：一是站在**设计师角度**，熟悉设计表达与沟通的基本类型；二是站在**使用者角度**，建立起设计表达与沟通的基本评价方法。

- 空间设计可以脱离空间的表达而存在吗？
- 空间的"效果图"能否成为设计的核心部分和驱动力？
- 对于空间的表达是否能够直接影响空间，带来实质性的结果？

　　这里说的设计的表达不仅是"效果图"，它是形式思考的一部分，不光是结果也是过程甚至是起点，对表达者的**逻辑性、空间想象力和抽象思维能力**都有较高的要求。因此我们的"表达"**不再着眼于绘画而是绘图**，不仅仅是造型的结果，也是生成造型逻辑的类型学。表达的目的不仅仅是再现，而是沟通；表达的手段也不再限于传统的草图和模型，而是可以随着沟通目的更灵活、更综合地变化，甚至可以扩展到最新的和最实用的手段中。

　　和一般人的想象不同，无论是设计专业背景还是非设计专业背景的学生，空间创新的常见成果不是实际对象，而是不一定有用的方案和作品集。后两者和真正的现实有着巨大差异。初步掌握用各种方法综合表达自己的设计思想，**用设计过程推动设计产出，而不是用方案和作品集买椟还珠，拉远自己和现实世界的距离**。设计表达和沟通的学习应该训练出更多的"神笔马良"，有朝一日可以从电脑里"打印"出自己想要的现实。

　　设计表达是复杂的、系统的和社会性的。"打印机"方便了表达转化为现实，也**突出了认知和沟通的重要性**。在提高一般艺术修养和审美能力的同时，通过熟练地掌握一切工具，记录、再现和表现建筑、空间、产品乃至抽象事物/事务。设计师应该可以为目标人群提供空间设计的核心意象，针对给定条件和问题迅速反馈设计问题，并解释设计转化为现实的具体路径。

　　最终在新的媒体环境中，一个实际空间项目不一定只是终结于课程汇报、项目评审、现场参观这些常规的平台，它可能"活"在社交媒体推送、展览、演出、体验会和其他更活泼的表达形式里。**供需双方无须互相说服，而要同向而行**，这样一来，空间的创新设计或改造有可能成为双方的"共同"作品。

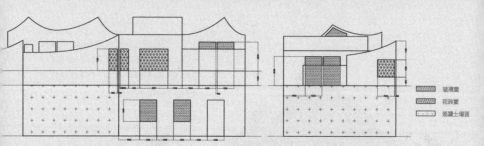

	玻璃窗
	花砖窗
	混凝土墙面

湖北恩施玉龙寺僧寮方案　　　　　　　　　　　　绘制于 2021 年

在实际项目中表达建筑空间意匠的多种方式，从模型（后页上）
到不同式样的效果图（上、中）到可供施工参考的带尺寸详图（下）

从最直观的模型到就事论事数量繁多的沟通图纸，设计表达可以是PPT中的一幅图像，也可以是现场就地画出的线条。传统营建体系和现代工程有着完全不同的阐释办法。在不同的条件下应该采用非常灵活的沟通手段，身临其境总是最为重要的，应该不拘一格地理解委托人的特殊要求。

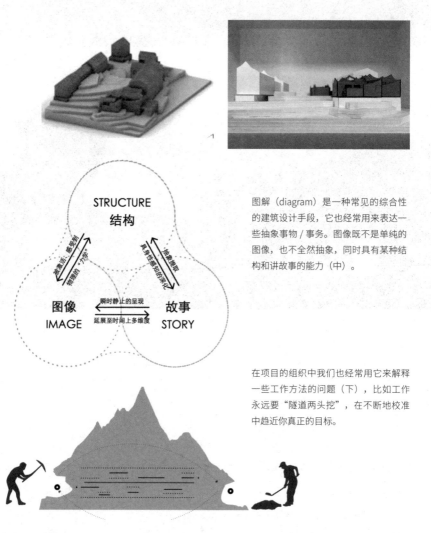

图解（diagram）是一种常见的综合性的建筑设计手段，它也经常用来表达一些抽象事物／事务。图像既不是单纯的图像，也不全然抽象，同时具有某种结构和讲故事的能力（中）。

在项目的组织中我们也经常用它来解释一些工作方法的问题（下），比如工作永远要"隧道两头挖"，在不断地校准中趋近你真正的目标。

把空间创新项目的不同阶段、责任人和影响范围叠加，就构成项目实际产出的说明图，色块大小、位置都有实际意义（上）。

影响校园规划建设现状的因素

政府、规划管理部门
规划 法规 政策 审批

管理者、决策者
教育家 行政领导

规划设计者
设计院 设计公司设计师

相关运营者
高校职能部门 合作运营企业

周边人群
居民 商户 临近机构

使用者
学生 教师 工作人员 学生家长 访客 游客

校园的现实状况

不同角色构成的校园综合意向

研究的重点

研究的重点

研究的重点

研究的重点

研究的重点

校园的综合意象

Start
起点

Final Goal
最终目标

我们努力说服创新者尽可能地去除"线性思维"（中），它执着于事物的发展都是连续而有意义。不愿意面对创新，结果往往失败，这样在项目的不同阶段就会偏离目标，无疾而终。

Start
起点

Final Goal
最终目标

相反，假如围绕着同一个中心，不以一开始就达到目的为目标，你反而会有可能在不断接近目标的过程中，拥有一个更加丰富的"工作面"——这可能才是真正的"工作目标"（下）。

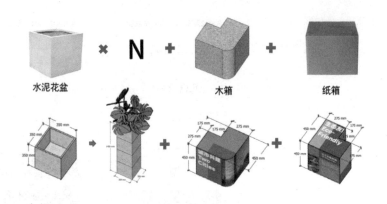

水泥花盆   木箱   纸箱

设计尽管是一种创造性活动，但也需要某种程度的研究、计划和管理，才能利于有规律、有意义、有效率的实践

"双城记"展览模块化展台装置模型   绘制于 2022 年

四阶段

04 实操和验算

素养和判断　工具和资源　表达和沟通　**实操和验算**

对于一个天然重视结果的领域而言，"实践"的意义怎么强调也不过分。但是实践又不是弄假成真的目的论。没有周密计划的实践，最终不一定有很高的成功概率，反而可能白白浪费时间、精力和物质资源。所以我们在这里讨论的"实践"并不是实践本身，而是对于实践的准确预算和实效评估。对于即将投入的实践者，常见的三个问题是：

——什么是你真正的创新成果？

——抛开主观预估的成功，失败的风险可能在哪里？

——相比在同等条件下的产出，你比你的竞争对手好在哪里？

（或者，你做出的不同方案之间的差别在哪里？）

从点子到实现的全流程策划 / 设计

这是一个非同寻常的真实的展览项目。其中既有基本的空间设计，还有展览"策划"——包括一般理解的空间及其内容的"立意"（对空间项目定位的准确判断需要长期积累的素养），还有对展览所需物料、人力资源的合理界定（一切空间项目特定的策略，都是基于项目的实际容量和工作团队自身的能力，这里有个非常客观的前提）。

三个问题实质上是一个问题。实践者常常将完成项目当作项目成功，**因此忽视了项目真正的效益在于少投入、多产出**。对第一个问题的思考，旨在避免把虚拟误认为真实。第二个问题则从纯粹的设计走向工程学，重点在于执行和落实，其中任何干扰因素都会导致项目的缺陷甚至失败。最后，在本书中我们并不涉及商务营销类的问题，但**会在一定范围内，基于合理的价值观讨论设计成败的问题，避免传统建筑学"管生不管养"的现象**。创新空间的成败无法脱离实践中涉及的运营管理。

限于学院教育的现有条件，并非所有的空间创新课程都能够真的"假戏真做"。即便因此不得不"真戏假做"，学生依然可以根据个人爱好和特长，**至少确立一个利用真实工具、技术和方法的标靶学习对象**。教师借此了解学生在本课题上提高的可能性，经过教师具体提示，学生应该主动提出实践目标，以尽可能逼真的假想实践彩排，建造出意向空间的实物模型（MOCKUP），**达到某种形式的"假戏真做"**。

从点子到实现的全流程策划 / 设计

贴合展览的官方定位、很强的社会性以及属于题中之义的公益性质，我们把展览的"样子"做成了沟通方式本身，海报比空间还要先行一步，方和圆的模数设定，把执行过程中遇到的各种困难同样包括在内，这是促进空间创新最终皆大欢喜的关键。这个项目因此还有了在解决问题过程中出现的"意外之喜"———不经意中一个项目带来了另外一个项目。

OBJECTS

"双城记"展览中的图形要素：先决定要展览什么再决定如何展览

"双城记"展览主视觉：既是展览海报又是展览方法和展览的主要装置方式

"双城记"展览效果图

绘制于 2022 年

南方科技大学树德书院学生活动室一角：一个可以用户定制的展览空间

摄于 2022 年

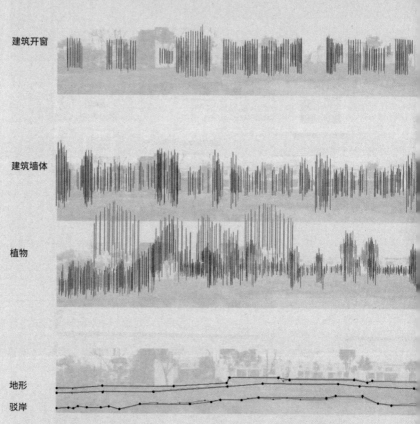

建筑开窗

建筑墙体

植物

地形
驳岸

上海市郊区某园林设计中的基地状况分析，呼应建筑界面、植物、地形、驳岸等要素

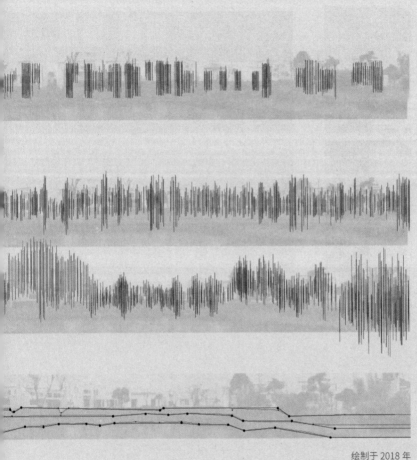

绘制于 2018 年

湖北宜昌云亭青年汇项目，建筑立面内表皮色彩涂装示意图

建筑立面内表皮的涂装色彩渐变对应"云层"的气温，气温高为暖色，气温低为冷色，色彩渐变与建筑空间使用属性相关，从右下一层活跃度高的空间逐渐过渡到左上高楼层的安静空间。我们设想，这种色彩区分不一定要是静态的，而是可以结合一些允许改变的因素，比如不同区域工作人员的衣着，可以与空间属性相关联，彼此叠加或者抵消，形成一种不需附加言说的"活人导视"的视觉效应。这一"活"的色彩系统的思路，可以和具体的建筑条件和变化的建筑功能相结合，让建筑空间中的分区和感受更符合空间认知的规律，有别于传统建筑形象一旦确立就不能改变的僵硬模式。

7 6 5 4 3 2

上海浦东国际机场，半透明"屏风"界面的空间层叠与透视

1

绘制于 2011 年

第二章
有关空间

创新空间和美的关系

空间是一个现代概念—— 传统文化空间的当代更新

空间不等于建筑—— 园林建筑与空间的语境

空间的尺度和内容—— 内容建筑 + 事件建筑

空间的媒体和现象—— 世界的接口

空间的矛盾性和复杂性—— 一首难忘的设计

空间适应性研究   绘制于 2021 年

创新空间和美的关系
Innovative Space and Beauty

对于不理解空间自身逻辑的非专业人士而言，理解创新空间的第一个维度常常是"漂亮极了"或"好酷"。其实，即使在这个维度上我们感受到的也不仅仅是美。**美术和艺术的定义是不尽相同的：**中文词汇"美术"的含义比英文中的视觉艺术（VISUAL ART）稍窄，后者可以指音乐、舞蹈、戏剧这些表演性的艺术（PERFORMANCE ART），甚至一些全新的知觉装置方式，比如"新媒体艺术"（NEW MEDIA ART），但却不一定"美"。

重要的差别，在于空间绝难概括成一幅墙上的画，或是一张手机里的图片。图画只是让你的目光在看得见或看不见的画框里停留几秒钟，一些特殊场景在平面中会变得相当抽象（比如画面中的一个迷宫）。相形之下，虽然空间是具体的，可以被人看见，有着明确的此时、此地的属性，但它也可以是以一种非物质化的样式存在的（比如电影中感受到的空间）。更重要的是空间是一个现代概念，关系到人和他身处的环境的一种积极的关系，影响无处不在，影响深远长久。空间近似于，但绝不仅限于建筑空间。

对于习惯了在虚拟世界中过活的当代人，空间在现实空间语境中的呈现（REPRESENTATION），往往压倒了它的原型的重要性，在各式各样的图像中，个人化的印象又常取代了总体性的认知。然而，**空间不仅是通过眼睛观察到的，**也经由耳鼻舌身意的各种感官通道得到体会（EXPERIENCE），或者体现（EMBODIMENT）——我们看到的绝不仅是我们看到的，我们需要理解制造空间的不同办法和组成空间的物质世界纷繁的逻辑，我们还要从对空间的全面接受中体会个人空间和集体空间的差异，乃至不同文化为这一主题带来的细分。创新空间，或者影响到创新的空间，尺度类型变化之大，上至整个城市区域，下到某间小屋，存在于某个原始部落之中，或是现身在宇航员的生活环境里——在本书中，**我们将会侧重讲述那些对于日常生活具有重大意义的空间创新类型。**

"形象"和"空间"的复杂而不对等的关系，是我们切入如此广博的创新空间议题的首要路径。以有限的篇幅，本书希望没有专业基础的读者多少反思一下自己的空间经验，意识到虚实空间的关系，个性的和普通的空间彼此转换的可能，从而产生空间创新的基本动力。你会体会到空间一般的功能，看到它平静的表面，也会理解它内在的复杂性和冲突，认识到特定的社会、政治、物质和技术对空间表象的影响。这样，你就可以**由狭义的创新——粉饰空间、占有空间、更换空间——转而走向更广阔的空间创新之路。**不管你是否决定从事建筑相关的职业，**你迟早会成为自己空间的建筑师——**就连在卧室里悬挂一幅你喜欢的画作，都需要了解空间创新的知识。

美术馆内部的展览空间通过表皮透明度的变化变成了整个建筑的形象

中国国家美术馆国际竞标，让·努维尔事务所方案效果图　　　　　　作于 2011 年

中国国家美术馆新馆设计竞赛
New Venue Design Competition of NAMOC

国际建筑竞赛，北京，2010—2011 年

　　2010—2011 年进行的国家美术馆新馆竞标，是迄今为止最重要的中国文化空间项目之一。获邀进入最后一轮的让·努维尔事务所（法国，第一名）、弗兰克·盖里事务所（美国）、扎哈·哈迪德事务所（英国）等贡献了精彩的竞赛方案。作为竞赛组织者之一的笔者，主要负责提出项目的任务书，其中最重要的一条是"方案是否可以**创造性地体现美术馆建筑与其主要功能，也即艺术展览的关系**"。赢得本次竞赛的让·努维尔方案，是通过表皮透明度的变化，将美术馆内部的展览空间变成了整个建筑的形象，让建筑实现了某种程度的里外相通。

时常遭忽视的是建筑的天花板，它对美术馆的观感影响极大，却往往在设计初期就已经变得难以挽救

美术馆概念性改建方案   作于 2019 年，深圳

美术馆内部空间设计
Interior Space Design of the Art Gallery

美术馆概念性改建方案，深圳，2019 年

　　美术馆空间最重要的特征之一，是整个建筑应该服从空间中复杂而有序的"看"的要求。对于观览者而言，建筑的所有部分都是可见的，因此需要有意识地确立不同"看"的层级和权重，通过调整展墙的色泽、尺寸、肌理、位置和照明条件等，**使得那些处于视觉焦点之外的"看"的对象和更有意义的"看"的对象保持整体的和谐。理想情况下，最初的空间设定已经考虑到了后期的纷繁变化，**设计得当，即使观者并不"安分"，或者观者从个体变成集体时，空间概念也依然成立。

徐冰装置作品"背后的故事"（下）及在本案中正／反面的关系（上）　　　　　摄于 2015 年

麒麟艺术空间
Qilin Art Space

建筑改造方案，北京环铁艺术区，2015 年

　　由北京塑料三厂车间改造的麒麟艺术空间，保留了原有工业建筑的空间尺度和形象特征，同时又力求包括人工照明和建筑供暖在内的基本功能符合通行美术馆的标准。值得一提的是，改造方案并未取消建筑原有采光系统的特点，过滤的自然光从天花板反射进入室内，让空间在白昼依然敞开、舒适。艺术家徐冰在二楼为空间量身定做的装置"背后的故事"，让老建筑的门窗创造性地成为建筑内部空间的一部分。这个装置说明了美术馆作为一部"看的机器"的运转机制——内容有时也能决定形式。

麒麟艺术中心展厅一层，取暖设备和展墙不寻常的关系　　　　　　　　摄于 2015 年

麒麟艺术中心展厅现场一层，双重立面的自然光照明设计　　　　　　　摄于 2015 年

玉龙寺

博士楼改造

美团篮球场

中关村博物馆

三才堂

云亭

双城记展览

理学院

景德镇博物馆

在一个虚构场地中集成了工作室所有项目和相关空间的"作品元宇宙"

10m

空间是一个现代概念——传统文化空间的当代更新
Space Is a Modern Concept:
The Transformation of Traditional Cultural Space

建筑这一行当久已有之，但是"空间"这个词却在很晚才出现在哲学词典和日常用语之中。SPACE 这个英文词在拉丁语中的最初含义是"间歇、距离"，**它包含了实体的、虚空的和延展的这三种世界经验，**既有政治和宗教的含义，也充分融入日常生活和科学研究之中。在走向现代主义建筑的发展过程中，曾经不止一次地出现过乌托邦类型的空间创新事例，比如霍华德（EBENEZER HOWARD）的花园城市，勒·柯布西耶（LE CORBUSIER）的居住的机器，富勒（BUCKMINSTER FULLER）的狄马西昂（DYMAXION），等等。在此之后，当代哲学家，比如福柯（MICHEL FOUCAULT）、德里达（JACQUES DERRIDA）和德勒兹（GILLES LOUIS RENÉ DELEUZE）都各自对于空间概念做出了深刻的剖析和精彩的诠释。

既然空间可以抽象为一类哲学观念，**那么思想范式就必然能够演变为一类空间范式。**这是空间之所以成为一个现代概念的显著特征：它试图说明客观世界由那些抽象不可见的要素的组成，并且相信，它们可以按照一定规律受控重组。在古老的建筑类型学（TYPOLOGY）基础上，借力于现代技术科学，建筑师和建筑研究者总是试图让空间观念转化为一种能够指导空间实践的数理原则。从建筑句法到建筑语义的不同角度，这些尝试层出不穷，它们构成了当代重要的"空间算法"的思想来源。

办公空间中铝穿孔板材料的应用：没有图案只有"算法"

大理石墙壁替换为模块化阳极铝穿孔板墙面，图案由计算机编程产生，墙面和墙后预埋的电路为未来学院不同的活动使用提供了可能。

本书中讲述的空间创新并不否认这些思想和方法的意义，但是侧重讨论空间更具体的和直接作用于人的意义——比如空间是如何在物质和社会层面得以实现的，这个问题将作为后续讨论的起点。

　　比如大量现实中存在的创新空间和空间创新项目，是摸着石头过河的产物。并不存在绝对完美的空间，或者众人一致认同的正当空间标准，正如难以找到长时段有效和放之四海而皆准的空间创新原则。空间创新并非建筑师自上而下努力的结果，它是一项多方参与、跨越学科并且在缺憾中寻求机会的事业，随着语境的不同而有实践的差异。空间创新往往始自直观的生活经验，也终结于这种经验，其中不乏矛盾和脱漏之处。对空间创新的规律性认识，主要不是寻求法则，**而是找到这种创新活动的合理边界和约束条件，**同时培育更肥沃的明日世界的土壤。

北京大学俄文楼，原燕京大学"圣人楼"（Sage Hall）
二十世纪初，美国建筑师"意外"更新了中国建筑的营造传统，建筑外观有中国风味，实则并不符合中国传统建筑的文法。但它却引起了现代建筑与其文化土壤之间的冲突，也促使人们思考：如何把当代人需要的功能塞进象征符号的"内部"？请注意建筑主立面（因为规划的原因不得不朝西）上不甚体面的竹帘的存在，这样的建筑窗户面积在北方冬季气候中嫌大，而大屋顶中隐藏的阁楼采光又成问题。

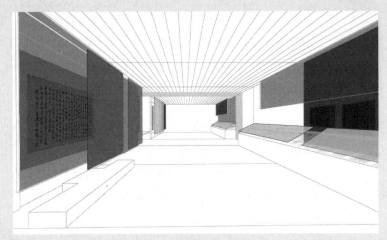

故宫博物院"典藏文明之光"展览设计概念示意　　　　　　　　　　　重绘于 2022 年

故宫博物院"典藏文明之光"延禧宫展厅（二楼展台部分）原状　　　　　　摄于 2010 年

故宫博物院"典藏文明之光"展览现场（二楼展柜部分）   摄于 2010 年

"典藏文明之光"——故宫博物院展览设计

Glory of Classical Collection:
The Exhibition Design of the Palace Museum

文物展览策划和设计方案，北京故宫博物院，2010 年

　　传统文物展览聚焦于"物"而不见空间，但作为一个生活空间改造成的美术馆，故宫博物院正好是这种情况的反面。强大的建筑气场，过"满"的展厅和满溢的"物"，缺乏微妙文化"意义"生成的余地。故宫博物院"典藏文明之光"展览意在"书写"，而非将"书法作品"和珍贵文物变成观众眼中的唯一焦点，因此，展览空间有意识地将作品的注解 / 背景和作品本身混淆在同一个空间中，从而让观众清醒地意识到"汉字"介于虚实之间的存在。

作品注解与作品本身混淆的空间

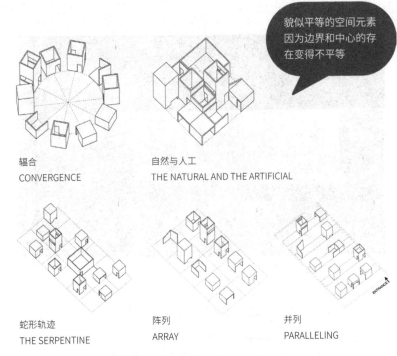

貌似平等的空间元素因为边界和中心的存在变得不平等

辐合
CONVERGENCE

自然与人工
THE NATURAL AND THE ARTIFICIAL

蛇形轨迹
THE SERPENTINE

阵列
ARRAY

并列
PARALLELING

"ARTOPIA 艺术理想国"展览中的空间类型

艺托邦

Artopia

展览设计方案，北京尤伦斯艺术中心，2016 年

　　艺术世界自身是一个乌托邦。这个"艺托邦"在展览设计里**具象化为不同的艺术创作之间的空间关系**。每个参展艺术家占据一个 2 米 × 2 米的基地，在展厅的有限高度内演绎一个特定主题的社会职能，比如"海关""银行""图书馆""商店"等。展览为"艺托邦"设定了若干种具体的空间关系模型，并且最终选择了其中一种实施。每个方格的关系貌似是平等的，但是又因为边界和中心的存在，产生了微妙的不平等的关系。

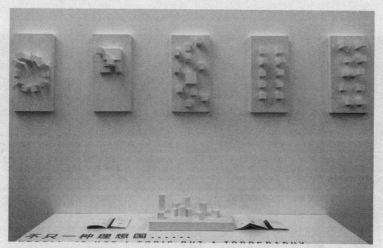

"ARTOPIA 艺术理想国"展览现场模型   摄于 2016 年

"ARTOPIA 艺术理想国"布展现场   摄于 2016 年

"格物"上海 OCAT 展览现场，柱子上的颜色在特定的角度连为一线　　　　　　摄于 2015 年

空间可以是看不见的场域

展厅里的展品并不是我们最关注的，相反，被人们忽视的柱子组合在一处，
构成了更强有力的空间。

空间不等于建筑——园林建筑与空间的语境

Space Is Not Equal to Architecture: Architectural Landscape and the Context of Space

空间一定是个房子吗？ 望文生义：空间，是指建筑界定的虚空部分，就像老子所说的"当其无，有室之用"。然而，古埃及人的金字塔显然不属于那种有着很多面积的房子。金字塔的"空间"并不限于它极为有限的内部，还包括它庞大的实体创生出的此在，还要加上今日人们已经不大能体认的，古埃及人对于金字塔既定意义的体验（一艘宇宙飞船？）。**空间不仅仅属于建筑，也包括和建筑有关的景观、室内设计，乃至雕塑、装置 / 物品和能在同一个场所中激发出的人造环境的意义。**

我们无法将空间统一为某种特定的建造环境的门类，但是我们至少可以搁置下意识中模糊的空间，转向那些我们容易捕捉到的空间的经验。空间的含义可能捉摸不定，但是需要**某种程度的范围界定和自我呈现**。建筑学教会人们从建筑绘图或者模型中表达空间的意义。它不局限于眼前所见，可以成为一种广义的视觉思考，对绘图者和建模者的逻辑性、空间想象力和抽象思维能力都有着较高的要求。因此，空间的呈现与常规的艺术绘画 / 雕塑有所不同，**不再着眼于绘画 / 造型，而是绘图 / "找型"**。空间不仅是看得见的图像，也是从经验中抽象出来的结构和需要在时间中展开的故事。

既统一又多样：上山遗址保护馆概念设计效果图

上山遗址保护馆
Shangshan Relic Museum

建筑设计方案，浙江浦江，2015 年

　　空间的意义并非止于建筑。特定情形下，创新空间可以涵盖比普通
房间更大的东西——园林景观乃至自然环境。这个方案意在以轻质结构
全面覆盖景观尺度的遗址区域，在不违背项目规划条件和造价的前提下

特定情形下，创新空间可以涵盖比普通房间更大的东西

构造一个足够大的场域。参观发掘区域的路径穿行于林立的"脚手架"之间，而不至于分散原本是个整体的先民生活环境。这样，现代博物馆的功能就和完全不同的空间原始状态达成了某种程度的和解。

中国美术馆工作室方案立面效果图

中国美术馆工作室
NAMOC Workshop

建筑设计方案，北京中国美术馆，2012 年

　　在中国美术馆最初的传统风格的平房上方，通过加盖一层临时用房，建造一个临时工作室。为了让性格完全不同的两者能够和平共处，我们用工地上使用的竹板整体包裹了建筑体量，构成了一个虚实相间的建筑。统一建筑整体的同时，这层"百叶立面"可以有效改善建筑整体西晒的状况。竹板的间距疏密有别，呼应于帘幕内部的不同情形：有西晒窗户和开口的地方，百叶整体致密；内部是墙体和有树荫处，百叶相对开敞。百叶疏密因地制宜平滑过渡，构成粗放的"参数化设计"。

中国美术馆临时工作室外观合成：疏密有别的竹板格栅　　　　　　　摄于 2012 年

疏密、曲直不同的格栅单元的测试

让性格完全不同的两者
能够和平共处

八爪鱼路口问题
Redesign of a Forked Path

空间规划提案，深圳南方科技大学，2018 年

01—02 "八爪鱼"路口现场。航拍（左）和手机随拍的混乱状况（右）

服从建设历史和自然地形，穿行于新旧校区之间和校园里外的道路
原本仅有南—北、东—西两条。在快速展开的校园建设中，"不达目的
不罢休"的线性思维削平了自然地形，形成了令人啼笑皆非的多岔路口，
因为回车区域狭小，在路口即使设置环岛，在此原地 360 度转弯的车辆
也无所适从。纵横交错的车行路线和同样繁多的人行路线交叉，形成了
安全隐患和让人迷惑的空间乱局。

这个"解决方案"试图重新定义路口问题的性质。之所以打引号，
是因为我们并不为解决问题而解决问题，而是试图从空间与人最基本的
关系切入——退回原点：可否让所有的车辆先停下等候行人通过？设想：
用一个没有方向性的圆形栅栏封闭路口。这样，每个时刻只有一辆最先
到达这个路口的车辆可以进入路口，相应闸口放行。人行和车行路线只
剩下一次可能的交叉。等该车通过后，下一辆车再进入路口，以此类推。
经过测算，如此依序组织车辆，短时间内貌似让交通陷于停顿，其实反
而提高了路口的通行效率——就像不断修路、不断堵车的城市，在最初
的交通组织中，**盲目提高效率倒带来新的效率问题。**

> 从空间与人最基本的关系重新定义路口问题的性质

01—05 "八爪鱼"路口装置

01 路口装置全关闭
02 第一辆车驶入路口
03 第一辆车驶出路口
04 第二辆车驶入路口
05 第二辆车驶出路口

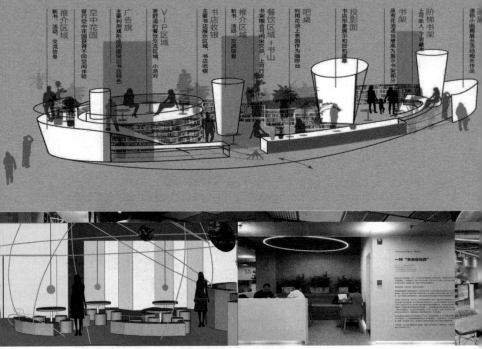

深圳飞地书局设计概念图（上）及书店复合功能的展示（下，从左到右）
这些功能包括餐饮、展览、媒体展示等
书籍本身已经蕴含了更为丰富的信息，却不能对使用者构成立时即刻的影响

飞地书局
Enclave Bookstore

室内设计，深圳黄贝岭与欢乐海岸，2019 年

　　网红书店给予传统书店的爱好者极大的冲击。创新空间并不拒绝"时尚"的建筑师，大都会中的人未尝不会将书店，而不仅是书本身作为"消费"的对象。但过度的奢华终究让普通人望洋兴叹。另外，普通书店对于普通人也不够友好，因为写作阅读的愉快空间和收纳书的存储空间毕竟是两回事——**前者是在讲"故事"，后者只剩下结构和信息。**

　　同时懂得诗歌和美食的书店主人，愿意让设计"越界"，但最实际的事情是要面对"赤裸裸"的空间底层现实：在建筑二次完成——加入

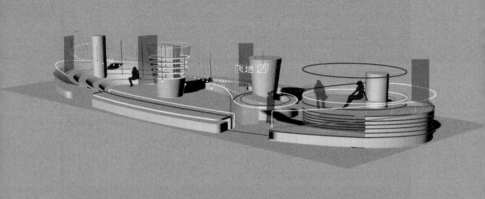

消防设备、空调装置、各种线管——的时候，原初空间的逻辑受到又一轮的摧残。不算太大的室内空间里，水管和门把手的样式，下楼梯的方向和不可拆卸的墙壁的走向，每一样东西都是实在的。至多看不见，却无法抹杀。空间的颜色是先在于理念本身的"颜色"的，更不必说，书本的大小参差不齐、无法划一，展示的需求五花八门。在完成装修的过程中，多少得有某些掩饰的成分存在，但不总是"抹杀"。

为完成有着实际功用的室内空间，设计师需要面对那些并不总是雅观，总体复杂的"内容"，排布和理解空间里那些看不见的"数据"：书架、展台、餐桌，甚至餐具，这些"数据"自动构成一座微型的城市。**空间不是因为好看才有用，相反，是（非常）"有用"自然构成了"好看"。**

多项目中不同的书架设计：
没有过多的形式讲求，相反，书架的形式与内容和功能密切相关

书架研究
Bookshelf Study

家具设计方案，2012—2021 年

　　书架（展示架、货架、贮物架……）构成创新空间的典型底层单元。它不仅是一座微型建筑，还涉及建筑中的"居民"——同样有高矮胖瘦（厚薄和尺寸）、"生活习惯"（迁徙和管理）。书架设计需要分化照应这种差异，但不可能有一种适应所有需要的书架设计。艺术家吕胜中的《山水书房》启发了书架上三个层面的融会贯通：**信息及其结构、形象和故事。**

　　书架里的内容同时也构成书架的形象。对于当代人，这些书共同构成的五颜六色的形象，而不仅仅是书的内容，才是直接吸引人的东西。读者通过取阅不同图书，次第改变书架的形象，也通过一本书建立起前后读者间的联系——这里的读者是很多人，他们的需求关联了图书在书架中的进进出出，同时也构成了一种集体知识（内容）的动态形象。

02

书架构成创新空间的典型底层单元

01 思库图书推荐装置，摄于 2012 年
02 思库图书推荐装置书撑模块设计图

思库图书推荐装置
Book Recommendation Devices
家具设计方案，南方科技大学琳恩图书馆，2018 年

"思库"是帮助大学图书馆用户追踪有价值的新阅读的装置。它缘起推荐人（体现为他们的手写推荐语）和特定图书的绑定，两者都会在装置中出现。同时，海报起到了"引人注目"的作用，整个自带照明的装置实质是一个特殊的"书架"，它消化了原有的建筑结构（圆柱子），把使用者带进了**一个小小的空间——比建筑小，比一般书架宽广**。

然而，最考验设计者的部分在于**如何让装置尽可能降低使用的门槛**。推荐海报需要尽可能容易更换，摆放推荐书和推荐语的书撑需要尽可能地易于制作，不能有过多且易丢失的部件。

思库

思库：图书推荐装置也是一个微型空间，兼有信息及其结构、形象和故事　　　摄于 2019 年

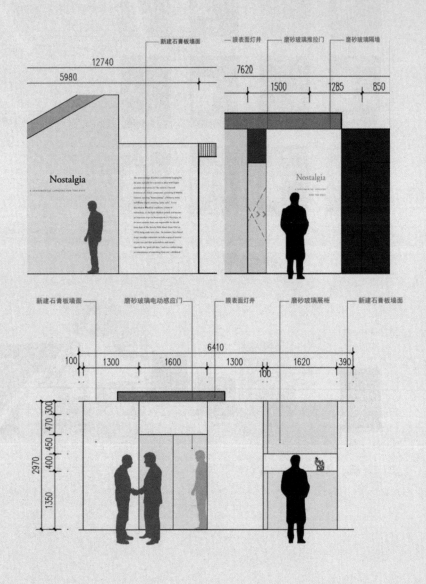

北京国际俱乐部瑞吉酒店展厅：室内空间的尺寸、内容和功能

空间的尺度和内容——内容建筑 + 事件建筑
The Scale and Content of Space:
Content Building and Event Building

我们引导受教育者**不仅注意空间容器的形式，也注意这种容器的内容本身。**大多数时候，经由内容的载体便可以方便地描摹出空间的形状，让它自我呈现。与此同时，内容又总是活的存在，不会一成不变，通过内容之间有机的关系，我们无须拆解空间，画蛇添足，便可以整体地把握空间功能的构图和它活跃、持久的机能。

我们需要充分意识到空间的内容不可能是均一的、无差别的。与其先入为主地预设内容的秩序，不如诀弃前见，**先对内容进行充分细致的观察和记录。内容也即空间之物，**我们无须万能的造物理论，不必无中生有，而要从具体的物中辨认出空间具体的内容，乃至生成空间的现实形态。

与此同时，空间的内容如何呈现，还取决于我们在什么尺度上和什么角度中对它们进行观察。物的有用性、现实性并非无限制的，而是源自**人和物可以感知的关系，超出个体或有限定的主体所能把握的"超物"，是没有意义的。人和物有意义的、全面的关系自动生成一个空间结构，**这个结构乍看起来是抽象的，往往也需要转化才能匹配通用的建筑语言，但是因为来自充分的个别认知，它未来的整体有效性会在实用的层面上预先得到检验。

敦煌游客中心室内效果，地面的动态灯光和墙面大字都是导流方式的一部分

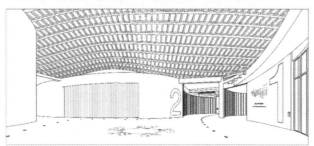

敦煌游客中心
Dunhuang Tourist Center

建筑室内设计与展陈方案，甘肃敦煌，2012 年

　　位于景区入口处的敦煌游客中心，是敦煌莫高窟近三十年以来最重要的新建项目之一。基本目标是让游客在进入景区正式参观前完成一系列"规定动作"：对接票务和旅游服务事宜，确定参观的内容和次序，乘坐官方指定的旅游大巴有序到达景区——当然，也包括最重要的部分："预习"敦煌的历史和文化知识，"预热"将要到来的和千年文物的面对面邂逅。

"有组织、无纪律"和
"无组织、有纪律"两
种新的导流方式让文化
化身为空间

　　游客中心特殊的地理位置和功能定位，决定了它是一个特殊的博物馆，旨在补益石窟已经捉襟见肘的接待能力和服务设施。更进一步来说，它处于交通要道和相对现代的遗址外围，是难得的新旧两种敦煌对话的节点。为此，在建筑师完成的室内空间的基础上无须画蛇添足，而是重新规划游客中心的管理方式，用新媒体的手段，将纷繁的运动和观望统合为有意义但不呆滞的新秩序。归根结底，是敦煌石窟的特殊内涵，**由内而外，由虚而实**，决定了室内空间设计新的方法论。

　　游客中心原有的异形平面很难推导出线性、匀质的流线。对照"有组织、有纪律"但也多此一举、过于粗暴的管控方法，室内方案设置了"有组织、无纪律"和"无组织、有纪律"两种新的导流方式。前者**强调引导而不是强制**，侧重于直觉型下意识的空间导航；后者利用临时创造出的行为动机模式，让文化主题化为空间线索，在理解的基础上，**发挥参观者自身的积极性和主动性**——而后者，恰好也是石窟这种特殊的"博物馆"样式所具有的设计潜力。

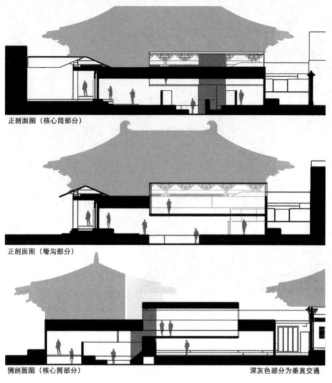

正剖面图（核心筒部分）

正剖面图（壕沟部分）

侧剖面图（核心筒部分）　　　　　　　深灰色部分为垂直交通

万佛寺书店沿西南角连廊剖视面，阑额下缘到檐椽、台基、台阶之间形成各种细小层次

万佛寺书店
Bookstore at Ten Thousand Buddhas Monastery

建筑设计方案，河北张家口，2022 年

　　在已有的寺庙西南角空间缝隙中嵌入一个小书店，无须喧宾夺主，意在补足寺庙主体建筑有所欠缺的接待和文旅功能。设计一开始就确定：从寺庙的西南角连廊看过去，**新加的书店不应遮住任何东西**。于是，从古典式样木建筑阑额下缘到檐椽、台基、台阶之间的各种细小层次，就成为新建建筑的所有尺寸的来源和依据。书店中的不同功能允许不同的空间净高，将这些空间彼此穿插并且"填入"现存尺寸，便自动生成了建筑连续而多变的轮廓线。这个新的空间，实际上是原有空间经过一系列演绎形成的负像。

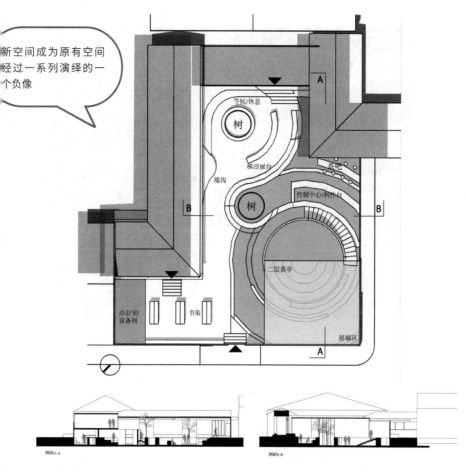

万佛寺书店设计方案平面图及整体场地剖面图

形式追随形式

建筑学格言"形式追随功能"在此有所翻新：中国古代木建筑是一套异常严格的形式语言的灵活组合，它们的基本逻辑可以追溯到最初的建造原理，但是最终固定成特定的、没有具体含义的数理关系，比如木材横截面的长宽比例。对比这种"形式逐渐丧失功能"的过程，现代人面对的任务正好相反，是要把这种建造文化中沉淀的抽象的形式关系，重新发明成具体的当代功能。

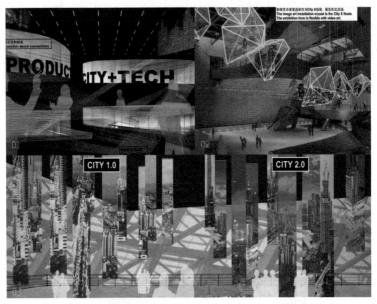

01—03 "城市猜想"展览空间图像展厅、城市晶体展厅、城市长卷展厅效果图，2017 年

深圳市当代艺术与城市规划馆
Shenzhen Museum of Contemporary Art and Urban Planning

展览策划与设计方案，广东深圳，2018 年

　　著名的欧洲建筑师事务所蓝天组设计了这座位于深圳福田区核心区的展览建筑。现存大多数博物馆、美术馆的既有展陈方式，都无力把握如此丰富的室内空间：蓝天组的展览馆是传统的"盒子"、运动的"流线"、"边际空间"与无边界的"场域"之总和，它包含以上所有要素，策划小组又很难概括它究竟是什么，正如方案提议的"CITY X"之不确定的定义。因此方案不打算重复传统展览空间标准的"画廊"设计，相反，

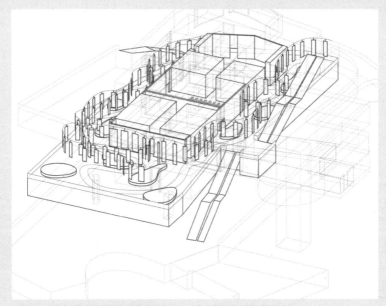

"城市猜想"展览城市长卷展厅轴测图

"城市猜想"展览策略之公共空间效果图，本方案得以部分实现

对于展览空间的个别顺应和总体组织，也就体现了方案对于未来城市的思考：CITY X 是线性的历史、类型的阵列、演化的空间和模糊的场域的总和。

对于蓝天组设计的不太容易被传统定义的建筑，策划想避免超前设计搭配低版本展览的常见现象。换而言之，我们并不强求"装修"已经如此复杂的建筑。相反，展品本身就是空间的结构，**内容理应匹配形式**，展品可以是传统的二维、三维小物品，也可以是巨大的动态沙盘，是承载信息的家具，是投射图像的软质帷幕，是空中悬浮的"展台"，甚至可以是信息数据之间的"关系"。这样的展览策略是全空间、全材质、全感官的。

展品本身就是空间的结构，展览设计是全空间、全材质、全感官的

深圳市当代艺术与城市规划馆室内实拍

https://coop-himmelblau.cn/studio/

信息中心
Information center

悬浮投影
Floating projection

研读空间
Reading Space

01 穷尽城市矩阵的各种可能性,对于全体市民,它是展览,也是图书馆、影像馆、资料馆、学习中心。

随着数字投影的延伸展开历史的河流和时间的轴线。
The river of history is entwined with chronological axis by applying digital projection.

02

01—02 "城市猜想"展览空间效果图

01 小孔成像的原理
02 传统城市对于"观看"的遮蔽
03 德国建筑师卡尔·弗里德里昂·辛克尔的原国家画廊设计：
柱廊对城市风景的"框景"分割和动态表达
04 现代城市中趋于消失却又无处不在的"画框"媒体现形
为空间：从传统城市到当代都会

空间的媒体和现象——世界的接口
Media and Phenomena of Space:
The interface of the World

人们生活的世界只是由工程师营造出来的，还是充满着各式各样纷繁的意义，并由这种意义构成终极的驱动？人居环境日趋人工化和雷同，越来越多的城市实践，很难用单一传统学科的名目界定。**空间的意义，往往要在它和人发生关系的界面才能生发出来，**后者可能是一块 LED 的显示器，也可能是若干种色彩、灯光和音乐效果的组合。倒过来，这种貌似虚设的媒体化的建筑意义，又对未来城市的结构和技术发生不可低估的影响——比如立面和各种各样打扮后的"接口"，门禁、窗户、隔断、入口……变得更加重要了。

自马歇尔·麦克卢汉（MARSHALL MCLUHAN）等理论家在二十世纪中叶提出媒体社会的概念以来，现实的发展已经领跑理论。**媒体就是接收到的信息和它的载体的总成，**媒"体"是人"体"的外部延伸，空间也可以说是建筑的延伸，**空间是有感受的建筑。**建筑师罗伯特·文丘里（ROBERT VENTURI）所认知的建筑可以是一块广告牌，而这对今天的商家而言早已是不容置疑的事实，那么，**当代城市中花色翻新的广告牌，可否在未来真的发展成一种特殊的建筑呢？**

美术馆：艺术坠入空间

当代文化的一个显著"器官"就是眼睛。观看如果不是一切，它至少代表了当代城市生活中发生的大部分事情。特定的观看形式，构成了建筑的使用者和建筑的各种具体的关系，决定了建筑门窗、墙体甚至天花板的样式，让媒体的意义变成了空间本身的意义。

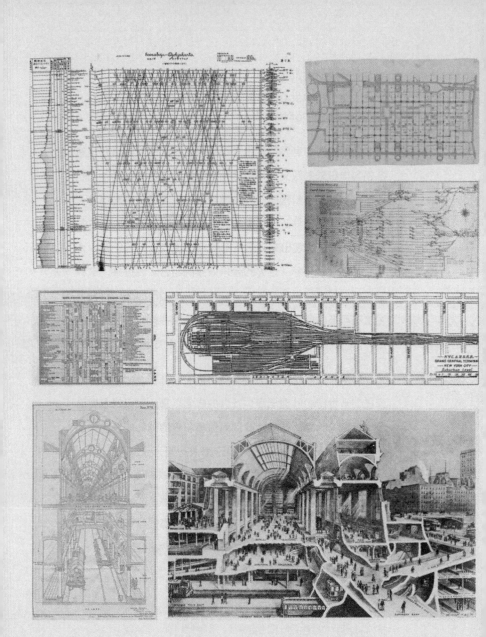

空间呈现为媒体：火车站的实体空间、列车调度图解和车次时刻表

空间呈现为媒体，媒体为空间所限定。这种交互作用事关建筑、城市、室内和产品设计、环境工程、数字媒体、人工智能等学科的交集。这样的交叉学科研究可以推动当代城市的系统变革：一条龙的空间设计，既有硬件，也有光线、信息、声音……以至于这些复杂感受所体现的空间关系，可以囊括创新型空间里研究、办公、生产、娱乐、公共服务的多样化功能；或者，在已有案例中追溯空间和人发生关系的底层逻辑，使得空间自身就可以在当代文化中激发出持久的创新力，无须额外"注解"。

在当代城市中，空间结合媒体可以变革公共枢纽空间，菜市场里的图书馆、美术馆和地铁功能的耦合……打造新兴智慧企业，比如互联网大厂的创新空间，既是工作又是生活。最后，**创新空间必然是一类教育创新空间**，有利于推动校园传统教学变革。空间结合媒体，启发我们创新空间需要在重要基本手段上有所变革，比如我们可以打造一类全新的建筑信息系统，这里没有寻常所见的各色"显示器"，仅仅靠形状、色彩、明暗、次序等就能指明方向。**空间是会讲故事的，让空间"自己说话"。**

现代铁路交通：庞大而复杂的"无边建筑"

城市主要火车站的班次时刻表，是对这一城市复杂空间的视觉表征，连接着可见不可见的地点，概括了能想象和不能想象的距离，它们所表达的，超出了任何古典建筑的范畴。在各式各样的铁路交通时刻表中，火车站—铁路的空间呈现为一种既表形又表意的媒体，空间的复杂性也就是媒体形式的复杂性。

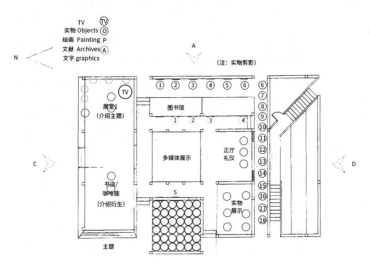

"住居的理想"博物馆展览设计方案平面图，2016 年

住居博物馆方案
The Design of Living Museum

展览空间策划与设计方案，上海朱家角，2016 年

　　该如何设计一座建筑主题的博物馆？或者，相对于已经很逼仄的现实中的建筑，自身投资有限的博物馆，除了展出建筑模型还能做什么？古典住居博物馆的概念，在于让单件的收藏品（建筑部件）变得能够立体"感受"，在广义的居住生活里，我们要负责制造文化的"焦点"，让物品、知识、美学、环境和价值在博物馆的体验里产生各种各样的联系。除了建筑设计之外，我们还致力于营造统一整体的博物馆制度。中心展馆将辐射现有物业、线上线下画册，并负责规整博物馆筹备方的有关收藏，策划稳定的永久陈列，对接基于特定考量的临时展会。展览分为五大**板块**：生活（LIFE）、质地（TEXTURE）、工巧（CRAFTS）、空间（SPACE）和时间（TIME）。**从"物品"到"造境"，从"实体"到"制度"，这个博物馆是前所未见的生活——展示统一体**，由作为土壤的**原样空间**，**到展示系统，到展出制度**。

"住居的理想"博物馆展览系统的类型图示：同一作品的不同展示模式

展览的系统

可变陈列——内容可变

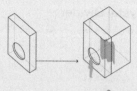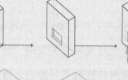

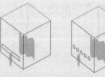

长窗展示

壁龛

前所未见的生活——展示统一体。从展示作为土壤的原样生活，到展示系统，到展出制度

"住居的理想"博物馆展览设计效果图：博物馆就是"语境"

水晶障
A Crystal Divider

空间装置，北京乐成中心，2011 年

　　玻璃是否会产生视觉障碍，而墙是否也能保障某种观看的自由？"水晶障"是一面逐渐展开的玻璃"屏风"，每一片的透明度逐渐增加（大规模的建筑部件定制不可能这么做）。圆形的结构一方面加强了自身的稳定性，另一方面使得人们在任一瞬间都只能看见装置的某一个片段——彼此不同的片段——这是关于观看的"角度"。就观看的"深度"而言，在移动中，参观者会发现他们和玻璃屏风另一侧的景物或人物的关系越来越近——透明度变化带来了观看的错觉。首先是**观看角度的不断变化**；其次是由磨砂玻璃渐变属性所揭示的**观看深度的变化**。

　　当你离这个装置足够近，你应该只能看到片段范围内，透明度相似的玻璃后面的景物，它们本身看不出什么变化，因此你对于"深度"（对象距离）的感受只能是随着"角度"（对象方位）的变化逐渐展开的。当人们注目于他们所"看到的"（动态感受），而不是"看见的"（静态图像）的时刻，装置的几何平面就会发生心理变形。如果观众忘掉玻璃本身的存在，那么我们就可以认为玻璃的物质性被取消了。也正是在这个意义上，能够强有力地体现"看"的意义。这时候，**玻璃真正变成了一种"媒介"**，而不是像现代主义建筑师密斯·凡·德·罗（LUDWIG MIES VAN DER ROHE）所说的使人感觉"恍如无物"。推而广之，整个空间感知的路径也正是建立在这种动态和相对的关系上。正是由于没有绝对的"透明"，视觉现象才会发生，或者说，人们对于外在世界的体验和醒觉才会发生。

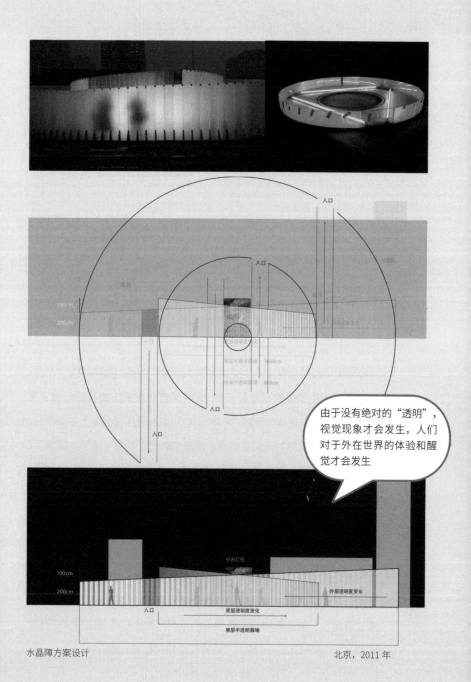

由于没有绝对的"透明"，视觉现象才会发生，人们对于外在世界的体验和醒觉才会发生

水晶障方案设计

北京，2011 年

徐冰：石径 / 诗径装置设计手稿，2008 年　　　　　　　　　　　　　　手稿作于 2010 年

石径 / 诗径
Stone Path/Poem Path

景观艺术装置，德国德累斯顿国家收藏馆，2008 年

　　徐冰是一位曾经获得过"麦克阿瑟天才奖"的跨门类的中国艺术家。他的装置《人生到处知何似》，由 76 块采自北京房山的石头组成，每块石头上都镌刻着徐冰专利的"字体"，对外国人而言它们看上去像中文，其实却是英文单词用中国文字的逻辑重新组装的"英文书法"。读懂了，这条"石径"就是一首关于"路"的诗歌，译自北宋诗人苏轼（1037—1101 年）的《和子由渑池怀旧》："人生到处知何似，应似飞鸿踏雪泥。泥上偶然留指爪，鸿飞那复计东西。"

　　这些石头隐没在德累斯顿的皮尔内茨宫外"中国花园"的树林中，组成一条弯弯曲曲的小径，是 2008 年笔者担任策展人的"活的中国园林"展览的一部分。**活的中国园林意味着展品和展出环境的融合：人们一旦"越过藩篱"**，走出博物馆宫殿阴森的室内，就会和英国造园家沃波尔（HORACE WALPOLE）一样，"看到整个自然都是一座园林"。

01—07 石径/诗径装置的"字词"、平面图及展览现场

摄于 2008 年

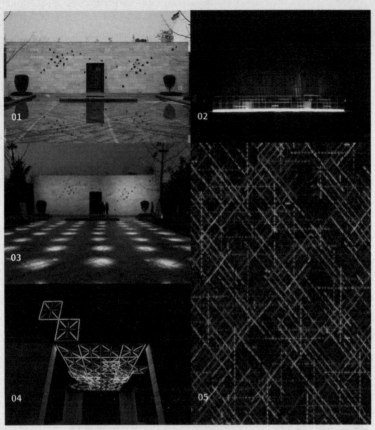

01—05 丁乙，画空间展览现场 摄于 2016 年

丁乙，呈现展览作品和展场空间关系的轴测图海报，2016 年

建筑师能否用画上的静物，通过一次转换，建造出一个静物来呢？

画空间
Drawing Space

基于画作的空间装置，上海朱家角安麓酒店，2016 年

建筑教育家海杜克（JOHN HEJDUK）讨论了这样一个著名的"胡安·格里斯"（JUAN GRIS）问题："如果画家能够通过一次转换，将三维的静物转变成画布上的静物画，**那么建筑师是否能用画上的静物，通过一次转换，建造出一个静物来呢？**

画家丁乙以抽象绘画著名。他给这个问题增加了新的难度：抽象绘画中存在转换的问题吗？西方艺术史中，"现代艺术"和"现代艺术之前"的分水岭，很大程度上基于对模仿（MEMETIC）的不同态度。建筑本身不存在模仿谁的问题，但是它依然存在着一个强大的"原型"及对"原型" 辨疑的必要：**建筑设计从何处开始？空间的源头又是什么？**

在一个完整的、以传统住宅为基础改建的度假空间里，艺术家的作品散布在游泳池、餐厅、庭院、藏书楼和园林之中，依次冠以"映""蚀""锁""塑""册""视""泳""壁"共 8 个汉字的关键词，暗示着媒介与门类的杂糅，构成了一个画 - 空间的整体。其中有的是"画"直接转化为物体或空间，还有的则是空间中的"画"潜藏着空间创生的机制。在难得真正跨越专业边界的国内艺术界，笔者策划的这个展览，是少有的对于图像 - 结构生成的基础命题的实验，对于急于打破自己创作瓶颈的建筑师和艺术家都不无启发。

基于"看"的空间装置：观看片段　　　　　　　　　　　　　2012 年

吴山观山
Observing Wushan Hill

基于"看"的空间装置，杭州，2012 年

　　吴山本身是观看的对象，立于吴山再观山，形成了新的错综复杂的关系。中国画论中有着非常复杂、丰富的这方面的论述，除了"高、平、低"（高远、平远、低远，即"三远"），还有阴阳、主从、向背、曲折、面面观等说法。它们可以被"翻译"为大小、体量、密度、尺度、方位等标准术语，又比后者显得生动、形象。

　　这类关系像密码本，可以在语词的森林中摘取出隐藏的意义。可以像处理文字那样处理空间，不是因为对象层面的相似，而是"看"的机制内在的通约性（跨门类的"通感"）。值得指出的是，和大部分喜作"如是观法"的当代建筑师不同，我们认为"观"并不是什么神秘现象，也不是可由主观心志造就的神话。恰好相反，中国古代的"看法"之所以具备强大的生命力，**是因为它和特定环境中的人们特定的生活状态有关。**

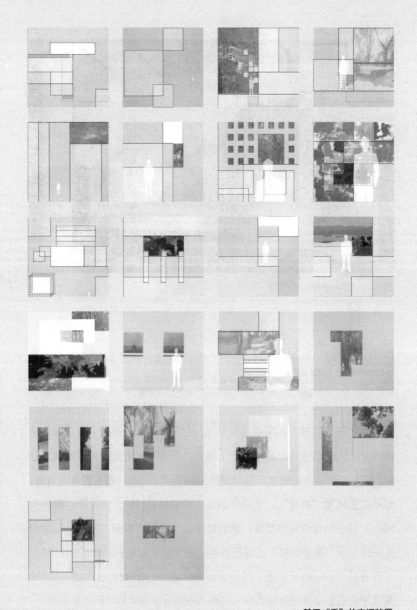

基于"看"的空间装置

不同的观看机制
包括观者、对象和他们之间确定的关系

115

南方科技大学图书馆屏风效果图 2020 年

图书馆屏风
Screen at Library

基于"看"的空间装置，深圳南方科技大学—丹图书馆，2020 年

相比于过去窄小有限的公共空间，过于开敞高大的图书馆迎来了新的问题。中国城市场馆基建的大上快上，带来了大量大而无用的共享空间，它们的弊病恰好把之前的问题情形转了个个儿——**既不要各自为战，也不应笼统地"共有"**，空间中是否应有某种起码的分野？却"隔而不隔"？限于物理条件和预算，新的思路诉诸视觉对象的"内容"和物理形式的交互。基于此前和已故艺术家汪芜生在上海浦东机场的合作项目，在尺度巨大的公共空间里，这个设计继续营造一座视像之"山"。这既需要理解摄影图像自身的逻辑，也亟须挖掘能使用的载体的光学潜力。

装置尝试用单层穿孔介质叠合成更复杂的多层图像。复杂性源于图像自身，也取决于材料微小层次的重叠与变化：图像和图像之间互相充

116

当"滤镜"（FILTER）和"语境"（CONTEXT）。除了基本的空间分隔功能，屏风最重要的观感，就是让空间更有"意义"了。**重叠的图画空间模拟了空间的图画**，而不是消极地承载图像自身。巨大空间对应的不只是巨大的图像，观看只有精心组织之后才能让人真正"进入空间"。

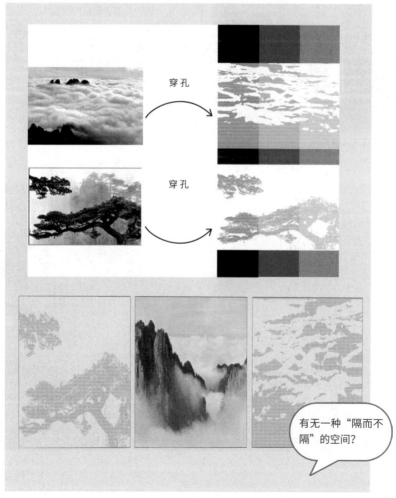

穿孔

穿孔

有无一种"隔而不隔"的空间？

南方科技大学一丹图书馆屏风设计概念：生成的是图像还是空间的感受？

建筑师文丘里讨论了乔瓦尼·米切卢奇 (Giovanni Michelucci) 以危险的结构和空间追求形象表达的教堂。与此不同，另一位建筑师阿尔瓦·阿尔托（Alvar Aalto）的复杂是整个设计的要求和结构的组成

01 乔瓦尼·米切卢奇（Giovanni Michelucci）设计的米凯鲁奇现代教堂（Chiesa' autostrada）

02 阿尔托设计的伏克塞涅斯卡教堂（Church of the Three Crosses，又称 Vuoksenniska Churc

图引用文丘里《建筑的复杂性与矛盾性》一书中插图

空间的矛盾性和复杂性——一言难尽的设计

The Contradiction and Complexity of Space: Irreducible Design

有无功能绝对单一无须继续改进的空间？当代城市中纯净的白盒子，为什么让人日久生厌？如果说建筑的工程学层面存在着某种意义的正确和错误，那么，特定的功能设定，和为了兑现功能的技术手段，本身并不是衡量一个空间"对还是错"的标尺——甚至没有什么绝对"正确"的医院和体育场。

在《建筑的复杂性与矛盾性》一书中，美国建筑理论家文丘里拥抱**"多样性"**和**"变化"**。建筑的功能不是凝滞的。后现代主义建筑理论破除了对于各种范式的迷信，不再有铁板一块的古典或者传统，而是提倡与时俱进的丰富和效率。针对真实的问题、不断变化的问题，当代人对于缺乏可适应性的某些建筑原则提出了质疑，呼唤着不全是由简单法则主宰的空间。大家对于自己身处的日常生活更加敏感，对于各种合口味，甚至不合口味的高等文化类型则抱着平常心。

追求效率的简化并不排斥开放性的设计，"功能追随形式"，但是功能势必更多元，形式也丰富多样。高级空间不只是高技术主宰，因为新型的建筑技术服务的最终还是具体的人。而人的复杂难以用数理逻辑简单概括。空间的有效性既取决于人力、物力、财力的优化，又依附于变化的适用性标准：时过境迁，或者在不同需求的主体间转换。有效是对特定语境的有效，**超过一定需求的复杂是无效或者冗余的。**

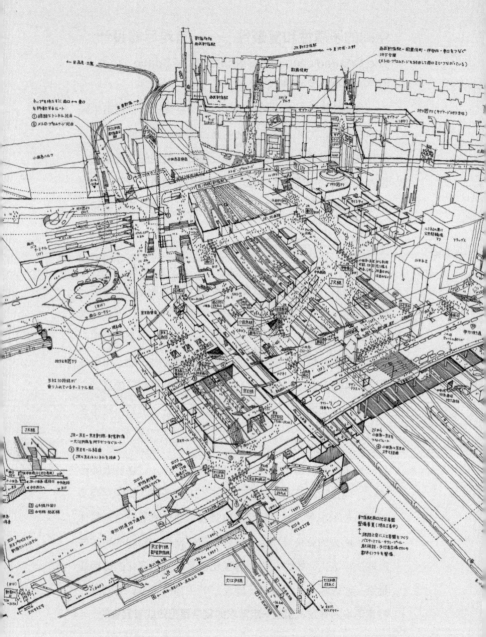

日本东京站空间结构手绘图 　　令人惊讶的高密度建筑空间中无比复杂的细小组织

120

由于结构、体验和形象三者是在不同的经验向度上展开的，建筑"坚固、实用、美观"的格言并不容易同时兑现。实用和美观本身将随着不同的语境而变化，适应新的用户需求和时代美学的建筑不一定要始终坚固。矛盾无处不在："少就是多"的现代建筑，基于普遍的经济性诉求，同时却没有放弃追求新的纪念性，它实质是一部精密的机器，却藏在了不动声色的外表下，本身就不表里如一，而且还会让人时时感觉枯燥无味。

现代主义之后的建筑理论向着现象和感知回归，告别了建筑设计只看"脸"的时代。归根结底，一个创新的空间需要充满激情的使用者来参与：它是"活"的，在活的建筑中复杂和矛盾得以相安无事。约翰·赫伊津哈（JOHAN HUIZINGA，1872—1945 年）认为，游戏是文明世界萌生的本质推动力，而空间持久的游戏潜力也成为一个复杂空间的生命力所系。

复杂空间的生产

在以列斐伏尔（Henri Lefebvre）为代表的"空间生产"理论家们看来，空间的谋划、设计建造和使用并非彼此隔绝的层次。换句话说，只有得到积极使用的建筑才会有我们讨论的"创新空间"。建筑策划和设计不能脱离对于这个层面的准确预估，建筑的实际使用者也是创新空间的关键推动者。

北京 798 第零空间展厅   摄于 2021 年

单一功能空间与多功能空间
Single-use Space and Multi-use Space

著名的哥德尔不完全定理告诉我们，任何无矛盾的公理体系，只要包含初等算术的陈述，则必定存在一个不可判定命题，用这组公理不能判定其真假。也就是说，**"无矛盾"和"完备"是不能同时满足的。**罗杰·彭罗斯（ROGER PENROSE）继而声称，"可被机械证明的"与"对人类来说看起来是真的"的区别，表明人类智能不同于自然的无意识过程。

把这一论断用于通俗的目的：具有社会性设定的空间，**并不存在一个单一的、"科学"的功能。**所以大多数的空间都是多功能空间或功能未及充分定义的暧昧空间，其中的冲突与矛盾并不能由技术进步完全消除，而只能由使用空间的人彼此协商而缓解。这里并非否定设计的意义，空间依然需要某种需求设定和功能引导，然而这种先入为主的设定和引导不可能完全消除使用的"短板"。在巨大的社会和资源压力下，使用的高效率总是相对的，某一功能的增益往往使得另一种功能滞后，甚至使之失效。**这时可能产生创新的契机，要么引入不同的技术，要么功能得以重新定义，**空间活跃度随之提高；也可能让我们对需求产生洗牌的冲动，空间的社会更新迫在眉睫。

01—06 **WeCafe** 中的多功能空间使用场景，可以很"满"，也可以空无一物

重叠镂空板形成的视幻觉，随着人和对象的距离、角度变化而变化

观看之道：书院空间中有趣的"看点"
The Many Ways of Seeing in the Student Dorms

基于"看"的空间装置，南方科技大学书院，2020 年

  "观看"的本质是什么？时尚空间里经常充斥着多余的东西，当你
看到它们时容易无所适从。但是埃文斯（ROBIN EVANS）说，当你真
正看到了什么精彩的事物时，就会"出神"，一个美丽的姑娘会让你忘
掉她脸上的痣，也就是利用建筑"……的光学特性……把我们的注意力
从……（建筑）作为一个物体的意识上转移出去，转移到我们对它的观
看方式的关注上去"。

　　视觉心理学家时而用"幻觉"来概括视觉生成的机制，尽管这个词在中文语境中往往有着不太好的含义。艺术史家贡布里希（SIR E. H. GOMBRICH）在《艺术与幻觉》中区分了形象和确立形象的机制这两种不同的东西，我们的注意力因此从"作品"转移到产生作品的语境上："……绘画是一种活动，所以艺术家的倾向是看到他要画的东西，而不是画他所看到的东西……"

　　我们希望创造出使人"不安于室"的灵动氛围，而不是把年轻人的目光俘获在刻板的装饰和浮华的图像上。因此我们构造了一些精巧的观看装置，避免强调材质和构造本身的复杂。它依赖某些光学原理，更取决于空间使用者活泼的心态。当你关注空间中的活动，而不是空间本身的时候，空间反而"变化万千"，让人惊叹。

空间的生与死
Life and Death of a Chinese Garden

Graphic essay，哈佛大学，2005 年

　　这是用建筑模型记录一个空间 11 天发展历程的故事，它源于对中国园林生成机制的诠释。空间并非一成不变，而是有着自己的生命周期和生灭规律。园林最典型地体现了空间内容和形式，功能与意义的关系。它既可以在无形中创生，**也可能因为过载而毁坏消失。**

空间并非一成不变，而是有着自己的生命周期和生灭规律

元素解析

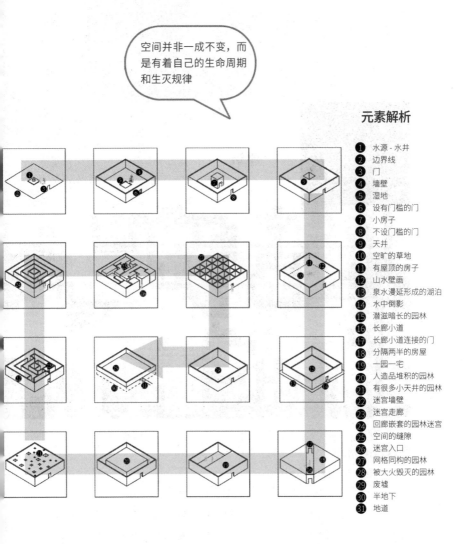

1 水源 - 水井
2 边界线
3 门
4 墙壁
5 湿地
6 设有门槛的门
7 小房子
8 不设门槛的门
9 天井
10 空旷的草地
11 有屋顶的房子
12 山水壁画
13 泉水漫延形成的湖泊
14 水中倒影
15 潜滋暗长的园林
16 长廊小道
17 长廊小道连接的门
18 分隔两半的房屋
19 一园一宅
20 人造品堆积的园林
21 有很多小天井的园林
22 迷宫墙壁
23 迷宫走廊
24 回廊嵌套的园林迷宫
25 空间的缝隙
26 迷宫入口
27 网格同构的园林
28 被大火毁灭的园林
29 废墟
30 半地下
31 地道

唐克扬《在空间的密林中》，"一座中国园林的生与死"类型与图解

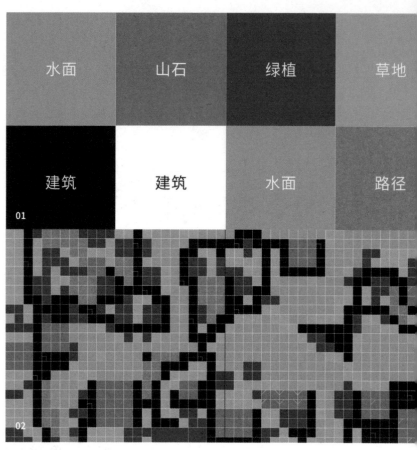

水面	山石	绿植	草地
建筑	建筑	水面	路径

01—02 在确定大类的底层空间元素之后，它们又将格子聚合为特定的空间"类型"

园林拼图游戏
A Garden Puzzle Game

基于中国园林构成类型的空间拼图游戏，深圳双年展，2019 年

园林是一种既古老又现代的建筑类型。将一个园林的平面图均分，然后打乱并重新组合，可以得到一个新的空间类型，说明某些空间的多样性和兼容性可以并存。相反，当代西方建筑学中的某类夸张"类型"（通常有着戏剧化的外在造型）往往基于单元的差异性。依据将这些图像打乱并重新组合的同样操作，可以产生失去鲜明总体意义，内部差异性缩小，整体多样性却显著提升的"空间拼贴"类型。

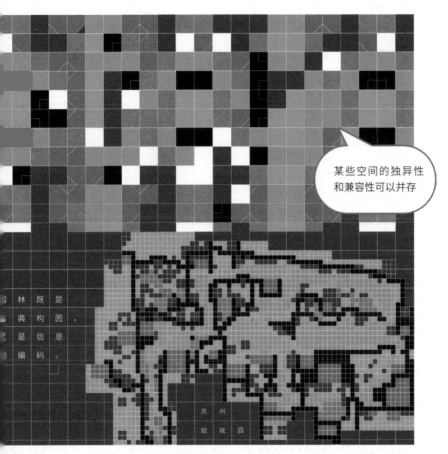

某些空间的独异性
和兼容性可以并存

林 既 是
典 构 图 ，
是 信 息
编 码 。

苏 州
拙 政 园

03—04 正是这些独异性的空间"类型"园林 / 城市元素构成的平面图

　　我们设计一个虚拟的模型，将其切割，变成一个"华容道"式样的当代空间重组游戏。**什么样的城市同时具有（总体之间的）多样性和（组件之间的）兼容性？** 我们首先将它的平面图抽象化，产生固定模数尺寸的方块，不同的模块二次组合，建立特定的类型进行彼此区分。不同的类型代表不同的空间，这些类型可以重新排列，与观众产生意义的互动。以这样的方式，基本元素进行并非完全自由的组合，在认知路径的约束下产生新的园林或城市。

创新空间简史
A Brief History of Innovative Space

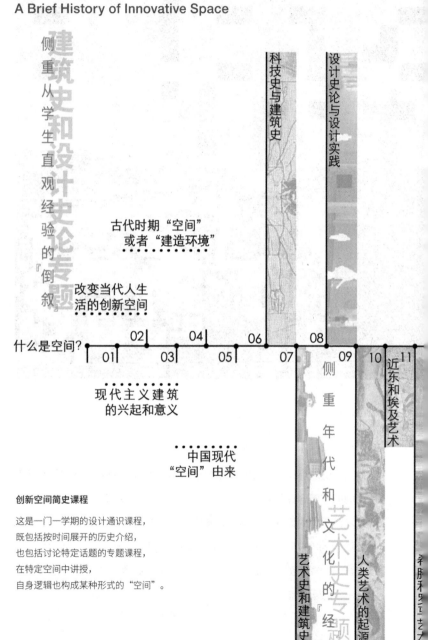

侧重从学生直观经验的『倒叙』

建筑史和设计史论专题

科技史与建筑史

设计史论与设计实践

古代时期"空间"
或者"建造环境"

改变当代人生
活的创新空间

什么是空间？

01　02　03　04　05　06　07　08　09　10　11

近东和埃及艺术

现代主义建筑
的兴起和意义

中国现代
"空间"由来

侧重年代和文化史的『经

艺术史专题

人类艺术的起源

艺术史和建筑史

希腊和罗马艺术

创新空间简史课程

这是一门一学期的设计通识课程，
既包括按时间展开的历史介绍，
也包括讨论特定话题的专题课程，
在特定空间中讲授，
自身逻辑也构成某种形式的"空间"。

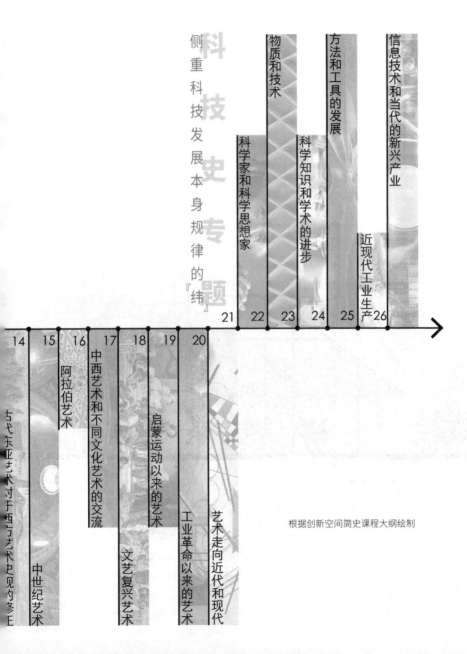

科技史专题

侧重科技发展本身规律的『纬』

21 科学家和科学思想家

22 物质和技术

23 科学知识和学术的进步

24 方法和工具的发展

25 近现代工业生产

26 信息技术和当代的新兴产业

14 古代东亚艺术寸于西方艺术史见勺多E

15 中世纪艺术

16 阿拉伯艺术

17 中西艺术和不同文化艺术的交流

18 文艺复兴艺术

19 启蒙运动以来的艺术

20 工业革命以来的艺术 艺术走向近代和现代

根据创新空间简史课程大纲绘制

"格物"工作营成果：基于日常生活表现的空间研究，由"物"而及空间

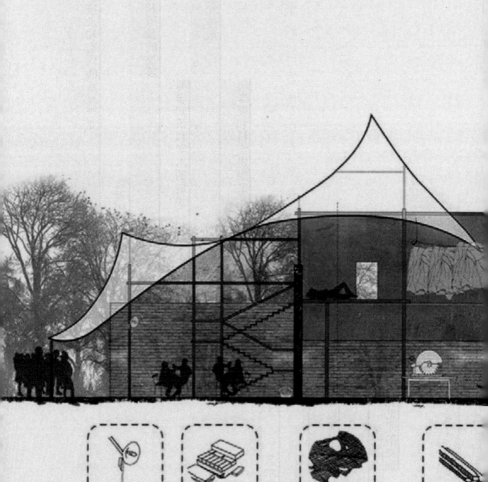

Buld   Brick Wall   Net   Panel

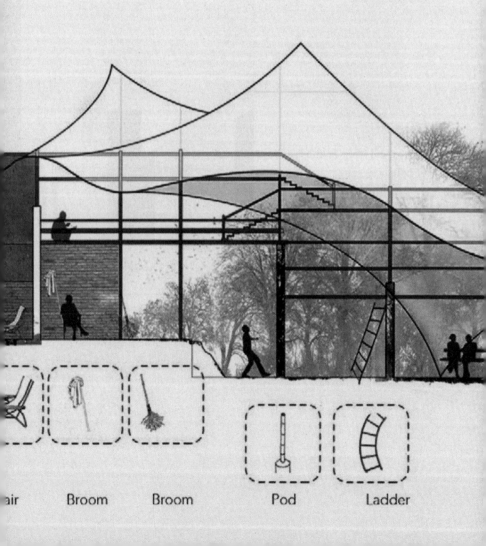

air   Broom   Broom   Pod   Ladder

化学 Chemistry

地球与空间科学系

Department of earth and Space Science

南方科技大学理学院一层大厅空间设计方案效果图

134

物理 Physics

数学 Mathematics

绘制于 2021 年

南方科技大学树德书院露台，隐藏空调室外机的装置

摄于 2020 年

2024 年北京书展中信出版社展区设计，颠覆了一般"摊位"的概念

第三章
空间创新和创新思维

创新空间和智识的关系

建筑学的角色

视觉传达设计的角色

科学技术的角色

人文学科的角色

建筑绘图与再现课程作业

通过在玻璃窗上贴透明胶布的方式，模拟出窗外城市天际线在建筑视窗上的"投影"，用实体化的方式构建出空间环境的基本感受路径。

创新空间和智识的关系
Innovative Space and Intelligence

空间创新如何在技术上变得可能？首先，围绕着什么是好的创新空间方法论的基本问题，需要引入事实性的案例和范本，侧重几个与创新空间有关的学科的基础知识；其次，我们需要深入人类文化史、艺术史和科技史的一般土壤，这些跨学科的智识，丰富了今日的空间设计文化，拓展了设计师原本就事论事的视角。有志于空间创新的个体，应该主动从这些文化中汲取营养，拓宽自己的视野。

众所周知，空间和设计很大程度上是一个现代的概念。只是为了讨论方便，我们才将埃及的金字塔和二十世纪包豪斯的校舍统称为人类文明史中的不同空间设计。能够回溯历史上曾经出现的优秀建筑、景观和室内空间，并不意味着可以基于形似，随意将这些建造环境等同于今日大工业语境下的环境设计。如此设计史论的学习就会流于表面。作为涉猎有限的入门学习，一方面应该注重设计产生的具体语境，避免将设计一词的内涵扩大化，案例拼贴、时空错乱，往往造成一厢情愿的"刻舟求剑"；另一方面，我们又总是希望打破时段、风格的限制，将丰富芜杂的设计史资料、层出不穷的设计创意和人类文化史乃至人类历史的大走向平行参照，以作品人物对照社会事件，用物质技术印证工具思想，从而不至于陷入见木不见林的迷思。

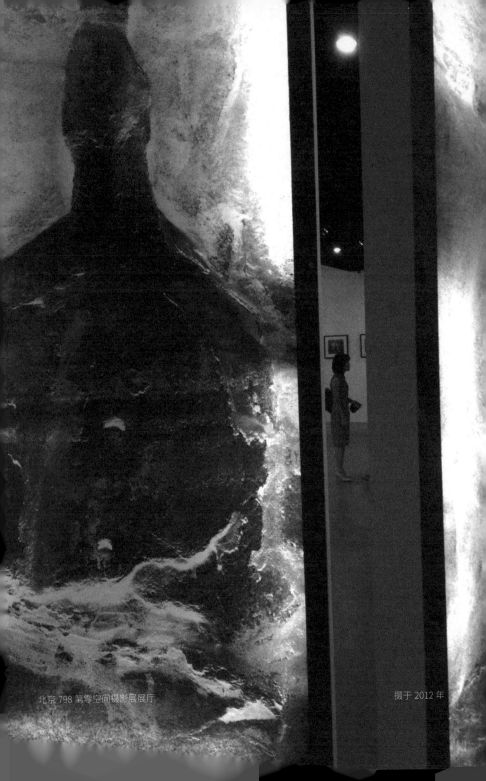

北京 798 第零空间摄影展展厅　　　　　　　　　　　摄于 2012 年

我们理解的是情境逻辑，不是死的知识；看重的是特定的形式和特定的使用者的关系，不是文化符号的生拉硬拽。沿着以下的简明线索，我们可以逐渐深入空间环境的基本构成，强化记忆和理解。

建筑，创新空间的硬件，其中室内的意义常常大于室外，因为"当其无，有室之用"，"空"是对人产生直接影响的部分。

物，空间不可能脱离具体的内容而存在。

人，缔造这些空间的艺术家、设计师和无名工匠自身也生活在空间之中。

地，创新空间所依托的区域、地点、生态和大环境。

用，特定文化语境中的空间使用，建立在不同的技术文明体系，乃至相异的思想、信仰、风俗的基础之上。

事，与每一个空间案例可能相关的重大事件、社会组织和理论主张。

北京 798 第零空间摄影展空间设计，背面的线条图案"显像"在正面的灯箱中

当代空间中最引人注目的部分往往只是它的"显示器"，也就是那些形象得以呈现的部分。好的成像机制让空间的结构和外表密切相关。但是"显示器"中的某些图像和空间本身并无关系，空间的变化也不会带来"显示器"内容的即时改变。

南方科技大学人文楼中庭侧墙开 / 关窗的不同使用模式

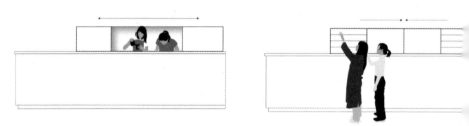

对中庭公共空间管理的设计图解

中庭旁行政办公室在日间开放时，合扇打开，行政人员自发形成对中庭公共空间的管理；
在晚间，合扇关闭，参观者在中庭公共空间中自助服务。

原设计的大理石墙壁和专设前台不切合中国大学日常运行的实际。我们在一侧墙上开窗，使
得窗口内的管理员可以兼顾大堂问询；同时，在管理员下班之后，窗口变成一件向外开放的
家具，师生依然可以使用窗口朝外一侧，享有专人维护的公共福利。

人文楼中庭
The Atrium of the Humanities Building

公共空间设计，南方科技大学，2020 年

受制于大多数类似机构的运作模式，在最需要"学术"的下班时间，学院的中庭往往无人问津。此外，本应有更多信息分享的墙面，也因为较高的维护门槛，很难像同类的商业空间那样成为寸土寸金的广告界面。

我们无法在一所高等院校里安排繁杂的物业管理，也不能苛求行政老师们在现有的条件下加班工作。因此，我们创生了一些"自动"的界面：比如把不易更换的大理石墙面改为穿孔板的"显示器"，这样未来有了更多变化和管理的可能。在行政办公室一侧的墙壁上，留下了类似于"传达室"的开口——实际并没有专设的"传达室"，而是在考虑老师们日常工作效率不被过度打扰的同时，增加了一个**可以调节来访者和楼宇支持人员关系的"窗口"**。

开口白天调大时，让整个人文楼的行政运转有了最大的透明度。在保证正常运转的前提下，鼓励来访者和行政老师之间的交流。开口夜晚关闭时，露出的内格提供给想在空间中逗留的老师，方便了他们的自助。内格中的茶包、一次性用具等由行政办公室从后方定期维护——这扇可以开闭并且自身具有容量的"窗"，**同时属于室内和室外**，是一件可以定义复杂空间的建筑装置。在内向的办公室和无人值守的中庭之间，它提供了一个**可以适于不同场景的过渡空间**。

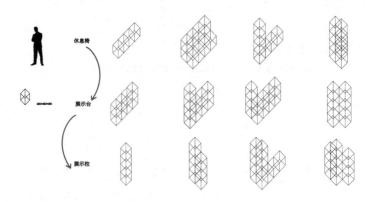

休息椅

展示台

展示柱

450×450×850

中国人民大学博物馆楼
RUC Museum Building

建筑改造设计，北京，2012—2013 年

　　作为一所在中国政治生活中扮演重要角色的高等学府，中国人民大学决定将它的旧图书馆改造为艺术学院和博物馆楼。除了通史陈列和专题展览，人大校史在展览中占了重要的份额。校史的书写并不仅是相关专业人员的工作，也有关心人大校史、中共党史的各界人士参与其中。这样的展览空间从改造伊始就有巨大的难度。丰富而敏感的展览材料对于展览形式提出了较高的灵活性要求：既要与时俱进、生动具象，同时**要方便布展、撤展和调换，并且避免过于确定的结构和形象带来潜在的意义误读。**

　　空间设计将整个展览看作一本立体的史书。它厚重的卷帙却呈现为一个灵活而具有弹性的展览系统，不是固定后便再难更改的平面布局。展览没有任何刻意和炫目的视觉效果。不同材质、尺度和装置方式的板材分别指示着包括文字、图像、图表在内的不同展览材料，材料保持视觉和观感层面的中性，为的是**方便设计师随时重新组织和补缀成"篇"。**在搭建本展的同时，设计师更新了博物馆的展览建筑和展出条件，包括植入听觉和照明装置，并在展览结构中嵌入了一部分隐形的显示设备以待将来使用。

标准模块可组成不同高度和用途的展览家具，比如展桌、展台和展墙，甚至观众座椅。

将厚重的卷帙呈现为一个灵活而具有弹性的展览系统

01—02 中国人民大学博物馆校史厅和序厅 摄于 2013 年

用两种不同的视觉元素构成变化的基本语法

中国人民大学博物馆楼，带有透明度的展墙（上）和视听装置（下）　　　　摄于 2012 年

原建筑拘谨的框架结构和统一的顶高迫使设计师寻找一种新的空间变化的方式

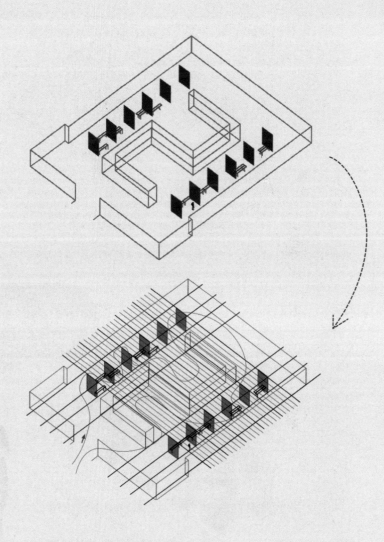

中国人民大学博物馆空间设计逻辑图解

本方案的难点，在于它面对的特殊观众对于展览内容的严格要求。展陈内容无法按照寻常展览公司的排版方式，而是要求灵活可变。于是设计师划分出一个均匀的地面网格，在基本廊道的原型中寻找观众左右墙面的大致平衡，使用一组帘幕让高宽比失当的建筑单元更贴近展览空间的尺度。

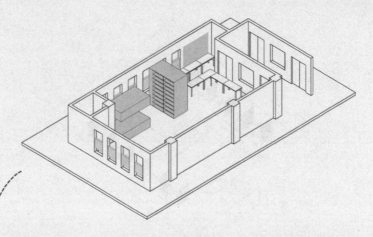

协同研究院设计工作室，即使平淡无奇的建筑基底随着使用者的入居也呈现出特别的格局

为学生提供一个"内容驱动设计"的基本工作环境升级方案

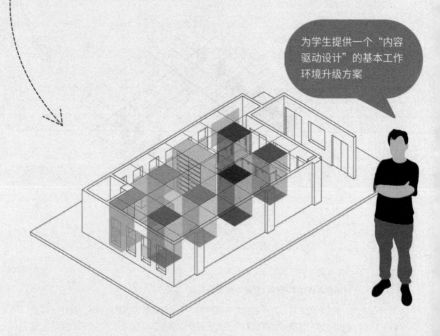

京津冀协同研究院设计工作室空间逻辑
通过正交方格网强行划分的空间被使用者认领、设计并运维（以颜色区分）

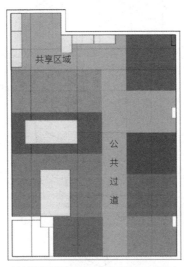

共享区域

公共过道

京津冀协同研究院设计工作室空间功能分布

京津冀协同研究院设计工作室改造
Beijing-Tianjin-Hebei Collaborative Research
Institute Design Studio Renovation

工作空间设计，北京，2019 年

北京大学工学院支持的京津冀协同研究院设置了工业设计方向。本提案为专业学生提供"内容驱动设计"的基本工作环境升级方案，意在**形成设计 - 空间使用 - 管理责任的连带关系，**让每个参与设计者认领属于他 / 她的设计符号，比如某种特别的字体和设计史作品，同时也承诺对于相应空间的运维责任，比如将划分至空间网格的工作室家具、设备从集体财产变成占据网格的个人或多人"承包"的对象。在相对缺乏设计文化的大环境中，设计空间不是一项任务，它还应成为生活的一部分，显示为有意义、有归属的图像，网格的划分是没有前设的，最终人 - 机 /物 - 图像 - 空间的关系可能变得自然。

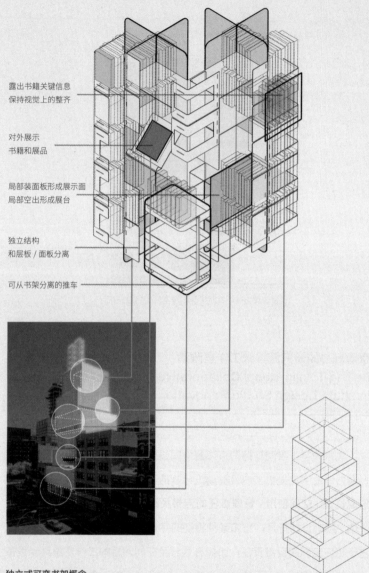

露出书籍关键信息
保持视觉上的整齐

对外展示
书籍和展品

局部装面板形成展示面
局部空出形成展台

独立结构
和层板／面板分离

可从书架分离的推车

独立式可变书架概念

用设计一座摩天楼的方法设计一座可以不用靠墙也可独立站立的书架。将寻常的书架区分为结构 - 围护的不同层次，标准的组件可以搭配不同的"基地"（site），形成一种创新型的室内家具类型，这种特殊的"建筑"对它多样化的"居民"（书籍）更加友好，产品化的设计思路也更容易"施工"，后续还有"配件"扩展的可能。

建筑学的角色
The Role of Architecture

对于空间这样的实践对象而言，显而易见，建筑学是重要的思想方法论和技术路径的来源。然而，因为兼具文理的跨学科特点，最终还得在实践中学习，建筑学又是最难自学入门的学科之一，这从五年制建筑教育通常所耗费的时间就可见一斑。空间创新并非建筑学的分支学科，而是这一学科和其他领域交叉产生的应用方向，除非事先具备基础，创新者通常不可能专门和系统地学习建筑学知识。

针对国内外建筑学教育体系的不同特点，空间创新训练择取了其中那些简明有效的门类，把涉及的建筑学知识转化为若干以开放式教学方式讲授的板块，专题和通识结合，课程进度具有一定弹性。具体教学者可以根据专家学者擅长的不同领域，灵活选择特定的主题进一步展开，略过一般建筑学基础教学中较为专业的段落。

在掌握建筑学基本思想结构和方法论的前提下，学生无须死记硬背所有的知识，重要的是可以**根据项目的特定目标（使用者具体的需求），提出真实的和聚焦的问题**，利用自己现有的资源和工具，对特别感兴趣和有心得的部分着重表达，在游泳池里而不是岸上学游泳，根据现实反馈，做出真正有深度和"管用"的学习成果。

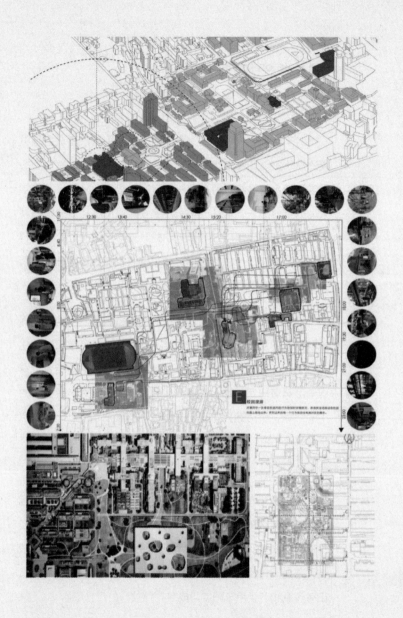

南京大学概念设计课程："校园物品生成校园空间"，学生作业，2016 年
将建筑类型学的理性结构与学生在现场考察的意外发现相结合

比如造型是建筑设计的基础训练，是空间生成的第一步和最可见的后果。但此处的造型又具有特指的含义，需要和空间的实际功能和感受结合，不同于寻常美术学院的教学。空间创新课程将建筑类型学的结构、理性思维方式结合美术学院造型工作室的训练方法，既包括穷举、归纳、分析、推演，也充分考虑工艺、塑造、使用、感受，主要着力于三种不同意义的造型相关训练。

- 空间形式分类法或类型学（TYPOLOGY）
- 类型（TYPE）
- 地形（TOPO）

除了身临其境实地考察，本书推荐的建筑学学习方法重点之一，是对于经典设计案例的"描红练习"，也就是原样拷贝案例（并移植到一个新的语境中），旨在使得学习者能够整体性地理解建筑设计的思想，亦步亦趋地利用原设计者使用的设计工具和技术，充分内化（INTERNALIZE）空间的感受特征，形成心手合一的下意识。学生应该掌握简单的建筑史论通识，针对随机抽取的设计案例，至少可以：

1）用一句话简述与其有关的核心事实（名称、人物、年代或时期、地点、主题）；

2）根据观察到的问题，应该有初步的主题概括能力，结合所学知识，能够写一篇标准格式的设计论文；

3）根据教师的指导，无须过度诠释和再设计，而是以视觉方式（图绘或模型）忠实地"复刻"一个经典设计案例的设计思想、设计过程或设计结果。

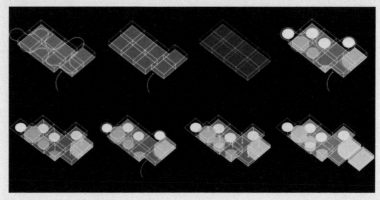

青龙山展示中心场地研究及平面推导 2014 年

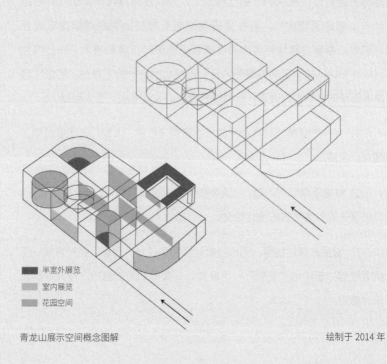

■ 半室外展览
■ 室内展览
■ 花园空间

青龙山展示空间概念图解 绘制于 2014 年

青龙山展示中心西入口场景　　　　　　　　　　　　　　　　　　摄于 2020 年

青龙山展示中心 (山巅美术馆)
Qinglong Mountain Exhibition Center

建筑设计，四川攀枝花，2015—2024 年

　　在川滇交界得天独厚的自然风景中，如何创生出一个和这个地点融合无间的人造环境？项目的资金来源、预定功能、建设手段和后续运维并不总是前后衔接、协同良好，但是各种条件之间的脱落，最终也产生出了一个难得的设计机遇：建筑师有可能完全按照自己的设想，一步步地推导出一个能够回应场地变化的理想方案。

　　顺应本地良好的气候条件，也充分考虑了项目极低的单位造价，这个设计最终"为无名山增高了 N 米"。它没有破坏优美开阔的地形，而是把建筑单元错落布置在山巅略有起伏的长方形用地上。参观者穿越于建筑内外，也就是**循着一条曲折有致的游线，在重新组织的风景之中游历了一圈**。在不算大的建筑空间中，以严谨的构造逻辑组合方与圆，设计者**尽可能地降低了建筑建造的难度，同时产生了十多个不雷同又彼此衔接的室内、室外和半室内／室外空间**，创造出丰富而有序的建筑／景观经验。

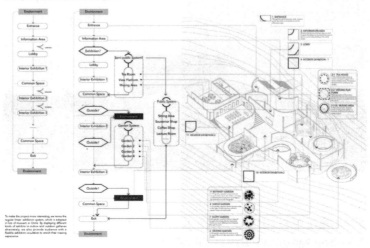

青龙山展示中心空间生成逻辑图解，专业工作的流程

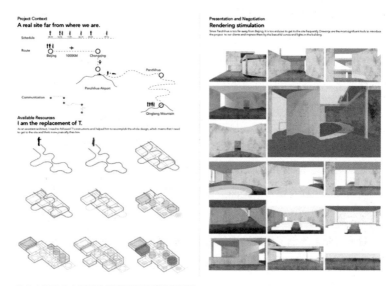

青龙山展示中心观览流线设计及观看场景图解

青龙山展示中心和从属地形的关系：为无名山增高了 N 米　　　　根据 2020 年拍摄照片

159

北京 798 第零空间漆山计划展览现场　　　　　　　　　摄于 2011 年

图形是空间认知的基本依据

科学家发现，空间认知正是将复杂的事物转化为简单的图形，人对世界的醒觉由此开始。只不过这种图形并不是静态的点线面，相反，一个人能够感觉到"点"的存在，是因为这个点在移动中变成了"线"。这一点已经为 1981 年诺贝尔生理学或医学奖获得者休伯尔（David H. Hubel）和维厄瑟尔（Torsten N. Wiesel）著名的视觉实验所证实。

视觉传达设计的角色
The Role of Visual Communication

　　文字和图形很久以前就出现在人类生活环境的显要位置。**现代技术还使得图像在城市生活中迅速普及：**印刷介质、电子媒体和其他成像手段让广义的视觉传达成为可能，不管是文字、图形还是图像，都可以大量快速廉价地复制并且传送到每个人的眼前，它们从个别、手工的符号或是深奥难懂的象征变成了大众生活的一部分，不仅具备实用价值还有文化消费的功能，须臾不可离。

　　进入现代社会之后，平面设计（GRAPHIC DESIGN，或称图形设计）成为一项专门而常见的职业，近年来更演化为广义的视觉传达设计（VISUAL COMMUNICATION DESIGN）、视觉形象设计（VISUAL IDENTITY DESIGN）等门类，和其他相关领域融合、交叉。现代主义运动中的建筑大师和这些领域常常有着不解之缘，比如有着自己标志性图形语言的柯布西耶（LE CORBUSIER）和善于使用色彩的阿尔托（ALVAR AALTO）。当代建筑设计事务所中常有设立建筑图形（ARCHITECTURAL GRAPHICS）部门的。狭义的空间图形功用包括设定建筑的牌匾、导识等样式，我们这里所说的**视觉传达设计对于空间创新的贡献，**属于广义的范畴：依据人在空间中的认知规律，视觉传达可以设定空间创新的起点，也可以承载其过程并且成为创新空间的最终结果。

芝加哥大学艺术学院入口，上面写着：
"艺术不过是一种观看世界的方式"

SAUL BELLOW, X

现代主义建筑携手视觉传达设计，首先带来经济方面的收益：一幢建筑的形象不再取决于繁复的装饰，可以是直白的色彩和文字，**相比传统建筑节省了大量的成本。与此同时，内容变成了形式，**这些明快的色彩和文字，也是现代社会开放、进步的文化特征。特定的空间造型，三维的功能布局，加上照明、听觉、新媒体甚至气味、体感等辅助手段，使得为建筑服务的平面设计手段不再平面。一些当代建筑师，比如格雷夫斯（MICHAEL GRAVES）、巴拉干（LOUIS BARRAGAN），在这方面的大胆做法变成了识别他们建筑的主要特征。

空间创新中的视觉传达课程，旨在训练一般专业背景的学生初步掌握以图形方法表达或进行三维设计的能力。结合图绘方法和现实项目的关系，**学生们可以理解空间语境中"绘图"一词的复杂内涵，**掌握系统性的和服务现实的图形思维能力。在提高他们艺术修养和审美能力的同时，学生们将可以熟练地记录、再现和表现建筑、空间、产品乃至抽象事物／事务。

空间创新中的视觉传达课程不仅和艺术专业中的图像学、平面设计有关，也和科学绘图、工程制图和概念图解有着密切的关系，甚至还关系到空间运营中更大范围的信息工程和社会工程建设。**"传达"（COMMUNICATION）未必仅仅是视觉的，**作为空间媒体设计的重要基础，视觉传达设计服务于空间创新，也为空间在这些相关学科意义上的拓展打下良好的基础。

混凝土字母立方：可供空间自由组合的标识元素　　　　　　　　摄于 2020 年

南方科技大学树礼书院入口：一个物理和心理上都"多层"的展示系统　　　　摄于 2020 年

南方科技大学树礼书院入口，墙上兼有变和不变的元素　　　　　　　　　　　　摄于 2020 年

南科大书院展示系统
SUST College Presentation System
建筑空间 - 媒体整合设计，深圳南方科技大学，2020 年

　　并非所有空间展示都已被显示器或其他的非实体电子介质取代。一座建筑从无到有，由新变旧，也就是它从毛坯渐变为"媒体"的过程，建筑材料底色、勾线、质感，附加各色牌匾、标牌、标志、纸张、广告、涂鸦……逐渐覆盖直到面目全非。在寡淡无趣的"清理完成"和稍显杂乱的"活泼丰富"之间，有无更好的办法为公共空间提供方便的信息界面和维护？不能指望社区大众都有图像处理知识和制作通知海报的耐心。我们重新梳理了确定和不确定的元素，借助性状不同的材质和立体叠加的手法，得到一个**多层次的视觉认知的界面，灵活可变，复杂不乱**。这个案例提供了一种**未必都是高技术的空间和媒体彼此整合的思想**，契合视觉认知的内在机制，虚实结合，让最简单的"宣传栏"得以有所"发明"。

空间认知重新定义平面设计

为了有效分别人事和机构，西方传统的纹章学发展成了当代平面设计里的
LOGO 门类。除了表意（文字符号）和象形（基于相似性的图形），空间图解
也越来越多地变成了 LOGO 的灵感。大都会让人们有了可以比拟的生活经验，
《2001 太空漫游》开篇猿人不能想象的抽象形体，现在也是视觉文化里的消费
对象。空间现实启发了图像媒体。

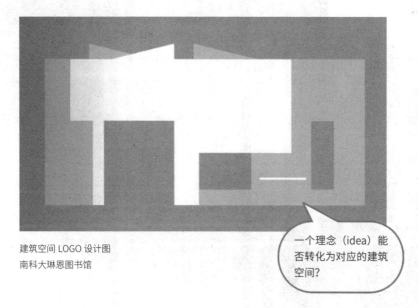

建筑空间 LOGO 设计图
南科大琳恩图书馆

一个理念（idea）能
否转化为对应的建筑
空间？

建筑空间 LOGO 设计
Logos Inspired by Space
平面设计，2014—2021 年

　　建筑空间可以抽象为显示其基本感受路径的 LOGO，那么倒过来，一个理念（IDEA）能否转化为对应的建筑空间？对于图像和空间的转换和翻译，不止建筑教育家海杜克提出过著名的"胡安·葛利斯"（JUAN GRIS）问题，也就是**貌似平面的图像如何演化成一个三维的结构。**

　　这类问题更实际、更浅显的意义启发了我们：看似平面的东西并不那么"平面"，空间也不只是一个缺乏具体质料的纯几何问题。**富于意义的世界，必然会以更复杂、更多通道的方式呈现给我们**，无论理解图像还是空间，都需要我们跃升到更高维的认知方式。图像和空间的制作和理解，既存在着对应，也是各自完全不同的过程。如果能够掌握它们彼此转换的"密码"，会有益于我们创生出更为新颖的图形和空间设计。

空间与媒体实验

南方科技大学空间与媒体实验室 LED 展墙

根据 2017 年拍摄照片处理

详见 P179 南方科技大学空间与媒体实验室展厅实拍立体显示屏

科学技术的角色
The Role of Scientific Technology

　　科学和技术并不完全是一回事。尽管哲学家赋予建筑最古老的和最基本的文化意义，科学能够直接改变空间设计样式的情形似乎少之又少。**人们很少为了抽象的观念而行动**，技术倒是在显见层面上推动了一次又一次的城市空间革命——"进步"似乎成为现代发展理所当然的指针。比如二十世纪中期空调在西方资本主义国家城市中得到广泛应用，强调人工通风和建筑气密性，极大地改变了一般建筑设计的标准和规范。原先对自然通风和择地而居的强调，现在让位给生造出来的室内环境和人工气候了。

　　然而，技术的效益也不总是这么容易界定：技术是包治百病的灵药吗？还是技术只能在有限条件下改变我们生活的一角？一旦习惯了特定的技术配备，大部分日常空间反而缺乏创新动力了。这个奇怪的背反，提醒我们创新并不只是"拿来主义"。**外在于创新个体的技术并不天然属于我们**，只有通过特定社会渠道和经济技术路径，技术才能发挥它的作用。绝大部分情形下，技术只是起到了创新尖兵的作用，它还要向人们勾勒出一幅动人的图景，使得人们在合适的地点和一定时间内能理解它的含义。最终，是各项因素的合力——**经济性、切题、恰当的文化意义**——使得一项技术在整个社会范围内得到大规模的应用。在这个意义上，科学技术对于空间创新的影响才有了顺畅的渠道。

南方科技大学团委办公室临街玻璃界面研究　　　　　　　　　　摄于 2018 年

在近代以来，大学、研究所和政府、商业公司、专利局、非营利机构等共同连接起了科学和社会，建立起理性、开放、进步的空间营造机制，使得每个平等的个体都成为公共环境的参与者，城市规划因此不再是统治阶级和技术人员的专利。大量的空间发明随着个体创造力的勃兴而纷纷涌现，"没有人是一座孤岛"，结构观念和系统科学也渗入了技术创新的思想。

创新思想对于现代性的贡献之一，在于它使得社会大众意识到他所经历的事情绝非孤立，**新奇的东西总是来自大量的日常需求，**没有变化的混沌里，剥离出每个自我确立自身的愿望，我们总有可能去认识前人不曾认识的客观世界的一角。

清华大学学生光影工作坊　　　　　　　　　　　　　　　摄于 2021 年

空间认知重新定义平面设计

丝网印玻璃在当代建筑中已经普遍应用（对页）。只要妥善设置"滤镜"，它就创造出了一种此前不容易想象的视觉效果：建筑内部既是可见的（有效监控人物的活动），又是不可见的（看不清人物的表情，确保室内的隐私）。

如果说以上关注的是由可见到不可见，在光影工作坊中则是从不可见到可见，利用追踪光线的软件，我们事先计算出来复杂光线效果的创生机制，这样，用看上去没有意义的几何形式组合，我们就可以在特定的光线下构造出具象的影子。例如图中用光线"塑造"的清华大学二校门（上图）。

照明成为空间的使用者在后续使用中探索空间潜力的指引

南方科技大学专家公寓大堂，直径约 2 米的圆形灯管，管周径仅 10 厘米左右
2017 年

芝加哥大学北京中心展厅方案，利用不锈钢线装置反射顶光形成特殊的照明效果
2009 年

室内公共空间照明设计
Interior Public Space Lighting Design
照明设计，深圳南方科技大学，2017—2021 年

    光创造空间，但是室内公共空间的照明设计并不只是营造艺术感。照明设计需要理解基本的光学原理，以便灵活地调配人对空间的实际感受，保证不同场景中的合理照度和使用者的身心健康。同时，灯具可以同时构成空间的标识和意义，成为空间的使用者在后续使用中探索空间潜力的指引。照明手段不仅包括人工光源，还包括利用自然光源，加上变化多端的广义和狭义的"灯罩"：建筑开口、转折、遮板……看得见的空间中，往往还隐含着一扇"看不见的窗"。

01—02 南方科技大学树德书院：空间的照明光源也是空间的名字　　　　　摄于 2020 年

01—04 半透明建筑材料在美术馆空间中的应用

在厚实的空间里置入蓬松的填充物（02），半透明材料在建筑空间中的使用，模糊了完全不透明的"墙"（01）与完全透明的"窗"（04）之间的界限，让厚重的同时有光，让外部环境可以逐渐"渗透"进入室内。

03—04 半透明表皮和美术馆空间

幻觉中的开放（03 画框内的风景）vs 真实的开放（04 闹市喧嚣）。心理空间和物理空间交叉就带来既透明又不透明的感受。肉眼可以辨识的图像、物理结构和感受路径三者共同构成材料的复合属性。

半透明属性在建筑中的实际应用，北京 798 第零空间　　　　　　　　　　　　　摄于 2011 年

半透明材料研究
Translucent Material Study
建筑材料和构造工艺研究，2009—2024 年

是"墙"还是"窗"？如果我们设想一种存在微小间隙的墙，以及一种开口不大且以复数形式存在的窗，两者之间的界限会渐渐模糊。它带来一种启人想象的新透明性：**如何让厚重同时有光？**

比如有厚度的石膏挂金属网结构或是在混凝土内掺入光导纤维，就可以创造出一种特殊的"半透明"表皮，带来"随外界光线变化产生深度差异的透明"。它不仅是字面意义的光学现象，也涉及社会心理的层面。这样既"透"又"不透"的白墙，可以保护室内不受外界喧嚣的袭扰，同时又让室内外保持良好的互动。在晚上看起来就是一面普通的白墙。一旦阳光由外投射，人们就不难发现墙的不寻常之处：它所承载的透明性，是在环境变化中逐渐"渗透"进去的，**同时具有心理的和物理的深度，**而非预先穿孔的单层网眼板可以做到的。

用 Processing 设计出屏风图案不规则的渐变，消隐不和谐的黑色边框　　　　　摄于 2018 年

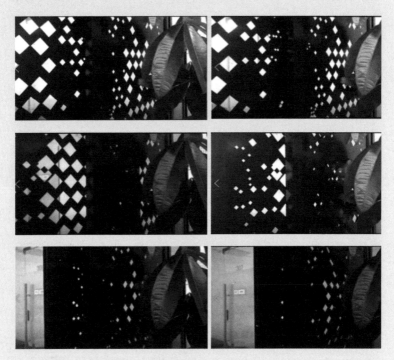

南方科技大学人文学院临时办公室，屏风在移动中产生丰富的光影变化　　　　　摄于 2018 年

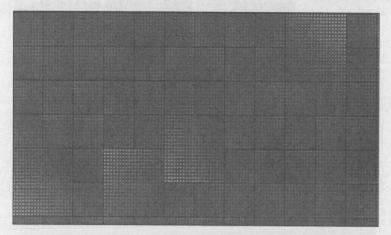

人文学院大堂阳极铝穿孔板墙面，利用计算机编程设计了不止一个方向的墙面图案

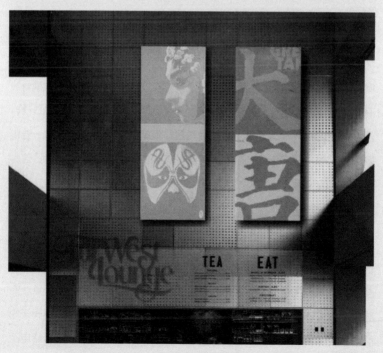

模块化的穿孔（像素）板墙面构成了可以产生图案的"界面"，可以和其他媒体设备搭配使用

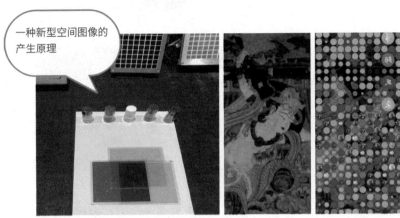

一种新型空间图像的产生原理

彩色电子墨水屏的原理

图像也能成为具有实体交互性的拼图（puzzle）

电子墨水屏及其他被动显示
E-Ink and Other Passive Display

建筑空间 - 媒体整合设计，深圳南方科技大学，2020 年

　　墨水屏另外一个名字叫作"电子纸"，这两个名称的内涵是完全不同的。"纸"显然要比"屏"更为广谱一些，因为纸可以折叠、裱糊……有悠久的物质文化与之相关。目前的"电子纸"技术做不到真正像纸一样，虽然指望它替代现有的显示器尚需时日，但是并不妨碍我们做出一些前瞻性的设想，将它作为一种新型的空间图像的产生技术加以利用。这种显示技术的特点，证明了**"显示器"并不是一定要光亮高清才好**。

　　墨水屏本身是一种轻量级的解决方案，小尺寸的墨水屏比起其他显示技术有着显著的成本优势，已经广泛运用在超市价签、桌签、幼儿用品等不需要高分辨率的场合。利用它的低刷新率，我们反倒可以制造一些出其不意的闪耀效果，"低科技"的特征在此成为一种视觉卖点。有些墨水屏可以随时用手机平台更新其内容，它可以无线充电，不同于熄屏时变成漆黑一团的 LED，静止待机和变化刷新并不会显著地影响电子纸的外观。我们还可以用小的墨水屏并联，形成总体的配合关系。

南方科技大学空间与媒体实验室展厅实拍   摄于 2017 年

立体显示器
3-D Display

原型设计，2017—2024 年

在现阶段，无论是 VR、AR，或是如它的字面意义所标榜的 MR，都不能以较低的门槛形成真正的"混合现实"。"立体显示器"其实不再是外在于空间的显示"器"，如果那样的话，现实和图像就始终是彼此脱离的，也许可以彼此穿插，但是互相脱节。在 1.0 版本的"立体显示器"模型中，我们"打散"了显示器的像素，让它真正变得透明，与它所遮蔽的东西构成一种互动关系，而不是简单叠影在它所置身的现实中。

历史哲学家斯宾格勒（OSWALD SPENGLER）说："'世界历史'是我们的世界图像。"图像的显现并不一定依赖于某种平面的介质，有朝一日，我们可以让**图像自身也拥有真实世界的质感、结构和氛围**。比如一个苏州园林那样的复杂人造空间，可以自动构成一种"成像装置"吗？（"立体显示器"2.0 版本）甚至，一棵生长在园林中又沐着春风的大树，以它时刻都在颤抖和翻转着的无数树叶的像素，是否也会构成一个"活着"的成像装置？（"立体显示器"3.0 版本）

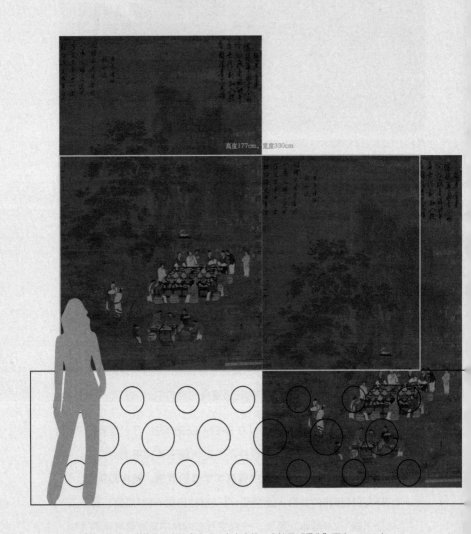

高度177cm，宽度330cm

南方科技大学人文学院临时办公室水吧，由内含的一个柱子"重生"而来，2018 年

人文学科的角色

The Role of the Humanities

人文学科并非一种可以直接利用的设计工具或思想。后者是功利的，前者则涉及约束性的设计伦理。也就是说，**人文学科的素养不仅仅是告诉一个设计师可以做什么，还告诉他在什么地方需要节制**：面对纷繁的实践机遇，识别哪些才是适合做的，以及哪些是更重要的。

当有了初步的建筑学、一般设计和科学技术知识，空间创新的实践者应当区分工具、技术、方法、方法论和哲学思想的不同层次，理解设计思想生成从具体到一般的规律，既"拿得起"，熟悉一般的实务操作流程，又"放得下"，面对名目纷繁的新工具、新技术和新方法有一定的鉴别能力，做到举一反三和批判性思考。这个过程中设计师对自我角色的定位和反思，是创新空间教育不可缺失的一环。因此，有必要特别重视那些现实语境中非工具性的思想维度，例如利于可持续性的设计思想，消费经济中空间创新所能起到的正向引领作用，空间创新的社会使命，等等。

既然如此，提高人文素养的课程教学最好采取研讨课（SEMINAR）的形式，告别灌输式的单向教育模式。教师只讲授有思想高度的基本专题，**鼓励学生主动提出自己有心得且结合实际的主题**，比如面对对象的空间创新、限定资源的空间创新、给定任务的空间创新等。一方面，从设计哲学的高度，我们应着重分析不同设计议题的共性及区别，深掘其中的人文质素；另一方面，又需要及时回到现实中的具体目标，学生提出有真情实感的个人设想，教师及时组织学生，立于实际，对课程掌握的设计资源和工具库进行爬梳。这样**"软的更软，硬的更硬"**，利于虚实结合，完成从理论到实际的展开。

涉及人文学科角色的空间创新讨论，应该覆盖从设计史、设计理论、设计法规、可持续发展、生态设计……到公共空间、社区营造、历史保护、乡村建设、文旅开发、城市新闻热点等内容。除了基本事实的讲述，这一部分的重点不是熟记答案，而是**关心身边事、眼前的空间，提出一系列富有批判性思考的问题：**

- 设计有什么做不到的东西？（空间创新的局限性）

- 设计有什么不可以做的或是不适合做的？（空间创新涉及的法律、伦理、道德）

- 设计的真善美各自是什么关系？（空间创新的学理）

- 设计的功能究竟何指？何为？（空间创新的社会价值）

- 设计和商业的关系应当如何？（空间创新的经济逻辑）

……

公共空间中的美术馆

我们富有前瞻性地提出了"公共空间中的美术馆"的概念。2011年，我们联合摄影艺术家汪芜生先生，拿到了上海浦东国际机场管理部门的许可，为他们打造一座"机场美术馆"。按照这个提案，抵达国门的旅客们看到的黄山的风景，不是单独辟出的展览空间中的作品，而是空间自身。

上海浦东国际机场"机场美术馆"提案　　　　2011 年

艺术策划
Art Curation

　　如何用营造当代美术馆的方式来营造一个日常空间？受制于"日常"，我们不需要高昂的支出和刻意的文化定位，但是艺术策划的手段方法和成熟体系，确实可以为创新空间策划提供某些参考。首先，我们**会更积极地考虑"内容"：** 艺术展示对于内容有着极高的标准、最大的热情和非常强的自主性——展览的文化前提，是作品一般早有了成熟的"鉴赏家"和"买家"，日常生活则忽视被平庸的定位所埋没的"内容"的潜力。其次，**"展场"总是最大限度地配合"展品"，**没有无视意义的形式。最后，成熟的策展人会积极地策划**与展览配套的"活动"，**也就是说，设计师也负有宣传、组织和推广他所设计的空间的使命。

我们需要积极地考虑"内容"并积极地策划与展览配套的"活动"

整体策划

"双城记"是一个以可持续城市和儿童友好为主题的展览。因此这个展览中没有多余的东西，无论是可拆卸的展览内容，循环利用的展览家具，还是百搭随配的形式关系都呼应着"再生"的中心议题。从图形到空间，从抽象表达到具体的人，展览的对象和环境合二为一了。

"双城记"展览现场   2022 年

无论墙面、地板还是天花板，从布局到工艺都来自海报（左页）中方和圆彼此融合的意象

中国古典文学和历史中的创新空间，腾讯"探元计划"之再造长安

中国古典文学和历史上的创新空间
Chinese Classic Literature and Innovative Space in History

中国古典文学是个多样化和富于包容性的概念，它的独特恰好在于难以用现代科技思维概括。让我们回到一个具体的历史空间，比如唐代的长安城内，体会文学文本和现实世界并行存在而又彼此补充的关系。我们"穿越"之后的观察，尤其聚焦于这样一个问题：文学文本所表现的古典城市，和现代科学棱镜中的历史城市有什么异同？假如同样可以经由文本进入一个想象的世界，那么古典文学语词所营造的"虚拟现实"，和电脑游戏所能表达的有什么重合之处？又有哪些显著的不同？假如我们带着现代人的技术穿越回过去，我们又会如何改写古典文学的故事？显然，这个"回到未来"的讨论等，将涉及城市规划史、社会制度史、地图导航、景观再现、视觉心理学等诸多不同的话题。

绘制于 2022 年

南方科技大学树德书院露台空调外机遮蔽装置

南方科技大学树礼书院"灵境"活动室

北京双井乐成中心广场，"水晶障"装置

第四章
创新空间的基本构型

城中村物流再生深港双年展罗湖展区方案

创新空间和社会的关系
Innovative Space and Society

　　每种古老的空间类型都有自己的历史：不管是仓库、市场、医院，还是政府、博物馆、学校，我们今日熟悉的特征都是稳定的，无法一夜之间轻易更动。但是，**空间创新的出发点又不止于狭义的空间类型学**，后者把自己锚定在静止的人和技术的关系上，和"创新"本身的要求矛盾。比如十九世纪到今天从欧洲至美国，传染病院的管理观念就曾发生巨大的变化（分散还是集中？），由此导致的设计原则竟有截然相反的假设。因此，类型是否合理不仅体现于物理组成，也取决于人们怎么看待空间中最优先考虑的功能，归根结底还是历史中社会关系的变化。这种变化不是某个人的一厢情愿，除了顺应不易逆转的社会潮流，还要敏锐地把握时代变化的风向。

　　如同一个有限的空间里不易展出尺度大得多的建筑项目，在现行体制中，凭空教会学生变革他们从未接触过的空间，注定是一个先天不足的任务。对于空间状况和设计需求的全面评估和精准决策，需要对于社会现实的深刻认识和较高的文化素养，但是教授基础的创新空间知识又只能从较早的阶段开始，不得不借助于书本和模型，难免流于抽象和程式化。**解决这种矛盾，可以从学生对于自身所处工作环境的最直观认识开始**，这种社会性和物理性的工作环境包含硬件（建筑和设备）、人员组成（结构和功能程序）和与之搭配的工作流程（基于特定的工作对象和工作模型）。

领导者主导 传统空间
普通教室
（以导师为创新中心，围合式）

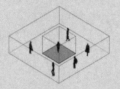

学习者主导 创新空间
创新教室
（以学生为创新中心，围合式）

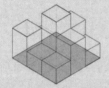
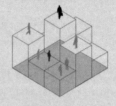

工作者主导 生产空间
差异配合
（个性服从共性，流水线式）

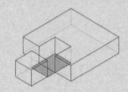
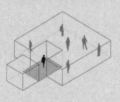

寄居式创新 寄生空间
差异共生
（包含与适应的关系，插入式）

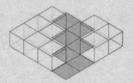

合作空间 几何空间
完美工作室
（不同个体的平等集合，互补式）

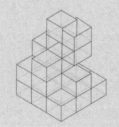
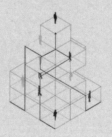

超级城市 现代空间
整个城市
（不同个体向上堆积，扩张式）

红色代表创新实际发生的方式　　　　　　**不同工作模式下的空间模型**

在象牙塔中，创新空间教育往往不能带来任何现实的改变，最多是预言这种改变，或者基于现实设定给出改变的模型。这种情况下，**看得见的工作室 STUDIO 及其制度就成了最直接的观察和分析对象：设计创新空间的工作环境本身必须创新。**工作室是设计类专业教育与科研的载体及核心，学科、专业规划本依附于工作室之上，以任务为导向，在实践中教学，是和综合性大学大多数学科门类都不同的教学特色。取决于学生个人意愿及基本能力，决定参加什么样的工作室和课题任务，多种多样的工作室及其方法设定，是空间创新中社会关系的缩影和预演。

通常情况下，主持导师及副导师是工作室的实践项目与教学指导的灵魂。工作室需要给学生开设工具与技能的小课，同时更要让受教育者积极主动地参与到实践的大课中去。然而，由于老师自身知识结构和实践意愿参差不齐，工作室之间存在着不可避免的差异，因此，**如何打破工作室自身的封闭变成另外一个问题：**不同的工作室课程应该开放给所有学生供观摩比较，同一教学机构中有意识地开设不同方向的工作室项目，让高年级学生有目的性地选择参与和体验。更不必说的，是学生自己也会融入社会和城市的宏大语境中，在那里直接接受各种工作模式有效性的检验。

六种不同工作空间模式

以谁为主导（或者没有确定的主导者）？不同人群的空间关系如何？创新工作的核心诉求是什么？创新空间随着时间变化有什么样的发展（壮大还是解体）？以上这些因素直接影响到创新成果的样式和工作的效率，甚至关乎创新的成败。没有绝对优越的创新环境，你也难以随心所欲地选择或者颠覆自己的创新环境。

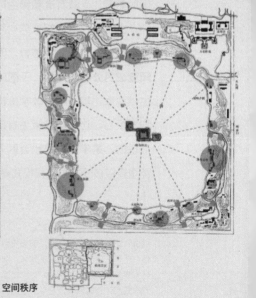

空间秩序

01 赖特设计的拉金大厦办公中庭

02 圆明园位于福海中央的蓬岛瑶台

198

领导者主导——传统空间
Space by Leadership: Traditional Space

　　人类社会的一切空间都客观存在某种等级。但是在不同的文化之中，主导的优势并不一定体现在几何意义的中心。莱特（FRANK WRIGHT）设计的拉金大厦，职员坐在摩天楼的中庭中间，受到更高等级的雇主自上而下的注视。乾隆皇帝营造的圆明园，皇帝所在的"蓬岛瑶台"则处于福海的中央，他的视线投向湖岸上那些从全国各地罗致来的景色，而岸上的人只能看到周遭园林的一部分。

　　传统空间给人一种印象，它似乎存在一个不可变更的、凝滞的空间秩序，这种秩序常常是二元化的。比如大部分教室之中所有学生都向着老师这一侧观望。老师可以方便地观察到每一个学生的表情和举动，而学生们并没有选择看什么不看什么的自由。这种空间中的人们往往只有极其有限的互动界面，一旦这个界面被破坏之后，整个空间的运作将会陷入停顿。消极地参与这个空间的大多数人并无管理空间的义务，彼此间缺乏有效的联络手段；主导空间的人看似拥有极大的权力，实则也会承担非常大的压力。

领导者主导 传统空间
普通教室（以导师为教学中心，围合式）

互动光影迷你工作坊

摄于 2021 年

工作者主导——生产空间
Worker-Led: Production Space

工作者为主导的创新空间是二十世纪下半叶以来的新现象。随着大多劳动不再是纯体力劳动，产业工人和办公室一族的界限变得模糊，工业革命时期工人的悲惨工作环境已经被"边干边玩"的潮流表象慢慢替代。二十世纪下半叶，DIY文化的兴起，一路下延到今日的创客、极客空间。即使依然存在着键盘族和动手族的差别，谷歌、脸书等新兴 IT 产业的办公室设计，仍纷纷向这种脑体结合、劳逸结合的方向看齐，工坊（WORKSHOP）的时尚席卷整个社会。机器人、生物科技等依赖于工程师和特殊设备的行业，更是把办公室变成了实验室，两者现在都要求有较高的"颜值"和缤纷的色彩。

大致说来，典型的工作者主导空间和最初大工业生产中的工厂并无太大差别，在其中既有技术因素，也有很强的社会性设定。最大的区别在于创新空间中的工作者是貌似自由的，他有权利决定自己在空间中的位置和面向，而不像流水线上的工人只能有单一的选择（虽然他无从改变已经自上而下设定好的生产程序）。

工作者主导 生产空间
差异配合（个性服从共性，流水线式）

在这个意义上，**创新工作空间中必然有相当大比例的共享空间，为工作者提供这样或那样选择的余地，**包括特定的工具间、材料库、工作室、讨论间和公共展示的界面。从工作的性质而言，需要区分工作者独自作业不受打扰的空间，以及那些因为技术原因必须隔绝外界影响的有污染、有声响或者具备其他特殊要求的空间。

然而，工作者主导的创新空间同样也面临着**创新活力时常衰竭的质疑。**随着创新本身为人们熟知，既有的工作模式成为程式，原先那些貌似大胆的空间程序终将显得平淡无奇。剩下的部分，真正诞生持续创新力的所在，是头脑碰撞、汲取灵感和安静思考的地方。这样的空间所激发出来的能量，会阶段性地重构那些直接发生实验生产活动的空间单元。因此，**效率不总是能吃掉这样那样的"冗余"，看不见的和看得见的"创新工作"，此消彼长，永无休止。**当代的工作者空间需要更高明和更灵活的定义。

搭建一个工作室
现实之中大多数创新工作环境属于工作者主导空间。此处的"工作"是现实的和有报偿的，"创新"是有组织和有条件的创新。即使在一所大学里搭建这样的工作室，你也一定会面对如何得到外部环境回馈和回报的压力，因此，这样的"工作"是以效率和产出为旨归的，生产人员通常"各就各位"流水线作业。然而，作为"创新工厂"，这样的工作室又不能不掺入各种自我教育和放空思考的因素，否则持续创新和长远工作的效率就会受到影响。

人博工作室空间规划:
为创新（博物馆设计任务）提供创新（思考契机）

人博工作室
RUC Museum Workshop

通识教育工作坊空间设计，中国人民大学，2012 年

人博工作室旨在为 2012 年开始的中国人民大学博物馆项目提供专业支持和教学空间。它是一座迷你的"博物馆的博物馆"，不仅提供各色展览效果，还是墙面效果的测试空间，也构成了一个展览空间的 1∶1 模型切片。与此同时，不像最终定型而且气氛肃穆的博物馆画廊，这个空间同时还兼有工作、员工聚会和专业交往的功能。

南方科技大学人文车间空间改造效果图   2020 年

人文车间
Humanities Workshop
通识教育工作坊空间设计，深圳南方科技大学，2020 年

  "人文车间"的定位是调和"极高明"和"道中庸"的两极。在人文学院的传统定位里，除了窗明几净、素琴香茶，也要塞进"喧闹""脏手"的因素。遗憾的是，最初的建筑方案并未考虑后者，因此，我们只能在进深有限，而且未留专用通风、洗涤设备的盒子里塞进工坊的功能。

  除了通过改造入口增加工坊的空间层次，"人文车间"的主要设计要点是大量增加储藏点位，**以及提供更多的灵活使用工坊的可能**。对于前者，解决的办法是在天花板上增设更多的储藏空间，为此需要设计模块化且可防止意外跌落的特殊存储单元。对于后者，仅仅保留大空间而不做任何区隔，事实上也阻绝了任何积极使用的可能，因为工坊的各种操作作业会彼此干扰。为此我们设置了一系列由铝型材组成的空间框架，在布置好机器设备点位后，使用者可以根据具体需求，灵活地组装出临时的围挡和其他屏蔽装置。

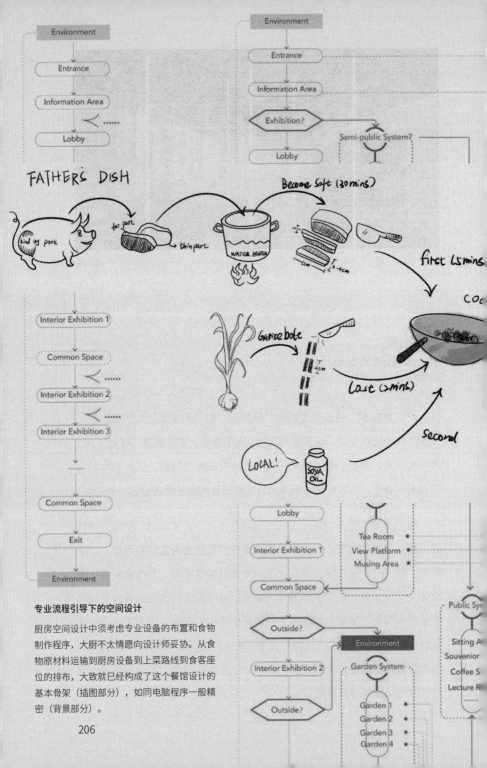

专业流程引导下的空间设计

厨房空间设计中须考虑专业设备的布置和食物制作程序，大厨不太情愿向设计师妥协。从食物原材料运输到厨房设备到上菜路线到食客座位的排布，大致就已经构成了这个餐馆设计的基本骨架（插图部分），如同电脑程序一般精密（背景部分）。

专业工作的流程
The Process of Professional Work

　　部分工作空间具有相对稳定的预设和与现有技术契合的流程。这方面最典型的案例是大餐厅的专业厨房，从原料采购—处理—存放到择洗—再处理—制作再至上桌摆盘，大部分厨师要求建筑师严格遵守他们习惯的工作流程，就连空间的规划格局也是如此。这样的厨房空间与其说是设计师设计出来的，不如说是专业设备和制作程序决定的。

　　在认定为专业工作的语境中，我们**不大去质疑专业设定的外部预设，但是可以着重研究项目条件中内部的差异性，**例如同一工序可以使用的不同设备、对应的参数范围等。在其中可以看到，我们通常所说的"流程"并不意味着人员和物资均匀的、单一的流动，这种流量的波动和分岔，通常需要结合两种不同的因素才能平衡：**功能往往是标准的，但人的主观性会为这种标准带来上下浮动、内部分化的可能。**此时，需要设计师理解人类行为的一般规律，挖掘使用者的主动性和积极性。比如一个需要排队的空间既要方便外部组织，也要提供自我组织的可能性。

　　设计师只有从用户体验创新角度说服大厨，如同近年来逐渐常见的开放式厨房，除了可以向食客科普美食制作的过程，展示餐馆环境的清洁，传统餐饮空间里纯功能和开放性的两部分，在这里形成了更丰富交接的界面：服务空间的人有了形象自律的意识，双方的交流成为空间中可以观赏的对象。

清华大学未来实验室空间和媒体组创新组织结构图解

学术机构、学域、学科、学术组和学术团队构成了当代大学自上而下的组织层级。但是这种层级并不能解释学术实际发生的机制，因为其中的"人"的空间位置是灵活的，可能跨越这些层级——从负面的角度看，现实中的物理空间有着更直接和更强大的影响力，往往使得原本精心设计的组织空间失效，与此同时，创新个体在创新项目中停留的时间又可能是长短不等的，这使得专业工作协同的难度进一步加大。

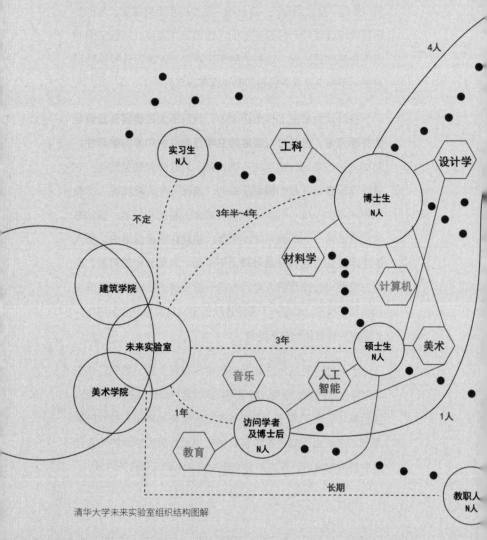

清华大学未来实验室组织结构图解

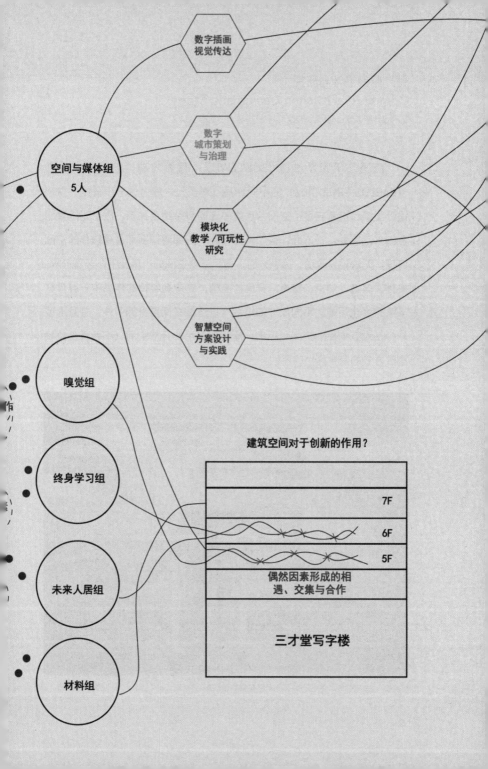

数字插画
视觉传达

数字
城市策划
与治理

模块化
教学／可玩性
研究

智慧空间
方案设计
与实践

空间与媒体组
5人

嗅觉组

终身学习组

未来人居组

材料组

建筑空间对于创新的作用？

7F

6F

5F

偶然因素形成的相
遇、交集与合作

三才堂写字楼

餐厅厨房设计与研究
Commercial Kitchen Design and Study
室内设计和类型空间功能研究，2017—2024 年

    美国艺术家勒维特（SOL LEWITT）和委内瑞拉艺术家迪埃斯（CARLOS CRUZ-DIEZ）的不同作品（对页），成为这个小餐馆的直接设计灵感。前者启发了空间各功能单元的复杂组合关系，后者是这种组合的人际感受。一方面，餐厅厨房设计一般都遵循厨师最易操作的空间流程，无法轻易改动；另一方面，餐厅堂食空间的小单元中，竖直分隔、桌挡、高桌、矮桌、宽桌、窄桌、座椅，就像勒维特的作品中一样存在丰富的变化可能。不同尺寸的组合可以适配空间自身的条件，并且形成一个从难变的专业空间（厨房）渐变到灵活的开放空间（不断调整桌椅摆放方式的堂食区）的序列。

吃辣餐厅室内空间，使用了带来空间层次感的波纹板　　　　　　　　　　摄于 2016 年

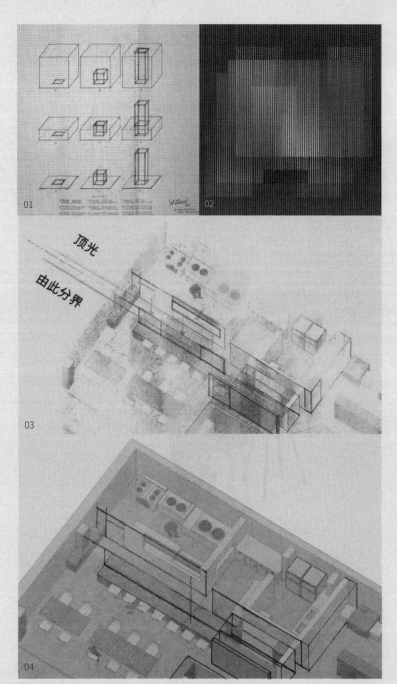

吃辣餐厅室内空间设计手稿

寄居创新的物理预设

在一个大得多也强势得多的主空间里"寄居"，保持对话又不至于被它吞没，这样的格局需要特定的"硬件"予以支撑。常见的一种解决之道，是用空间最小单位的家具构成一个自洽的迷你空间。它往往不只是一个储藏柜、一张预留的桌子，而是需要有更智能的边界（可开可合）、更生动的自我展示界面（更新空间使用的信息）和带来更多使用的"上下水"（维持输入输出的能量平衡）的接口。

寄居式创新——寄生空间
Sojourn Innovation: Parasitic Space

在比较特殊的情况下，地位不对等的双方或数方构成了寄居式的创新空间。虽然可以比喻为房东和房客，寄居式的创新空间并不等同于我们上面说到的创新工厂，个体不是简单地在集体之中寻找一个位置。**由于双方或多方在体量、资源上的不平等关系，寄居式的创新空间也不属于合作式的关系**。房客可以在房东那里寻求到他需要的东西，这是"寄居"发生的基本现实动因，但是房东也并非一无所获，保持个体独立的房客补齐了单一空间不可能具备的多样性，同时不至于影响到原空间本身成熟的特点。

位于荷兰鹿特丹的大都会建筑事务所（OMA）为自己建立了一个规模小得多的镜像 AMO。后者戏谑的名字不仅仅是把母公司的名字倒过来，它也为前者创造出了一个有益的镜像，AMO 虽然要比设计公司 OMA 的规模小得多，但一个偏重实践，一个貌似玄虚。

寄居式创新 寄生空间
差异共生（包含与适应的关系，插入式）

 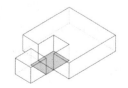 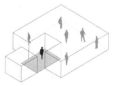

南方科技大学人文学院临时办公区入口，透明性大

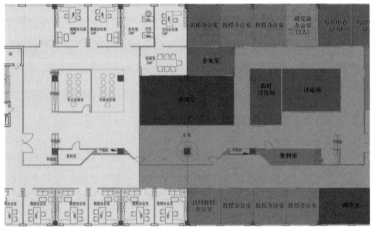

南方科技大学人文学院临时办公区平面功能分区，仅有绿色的部分不可更改重组

人文学院临时办公空间
School of Humanities Temporary Office Space
室内设计和空间规划，深圳南方科技大学，2017—2019 年

南方科技大学人文学院临时办公空间最显著的特色，是让那些同样临时来访的师生**有了最大限度的公共空间可以使用。**虽然没有办法保证这些访客空间真正的独立性，但是他们已经有了充足的临时储藏空间、相对友好的招待界面和可以根据需要灵活组合的聚会区域。

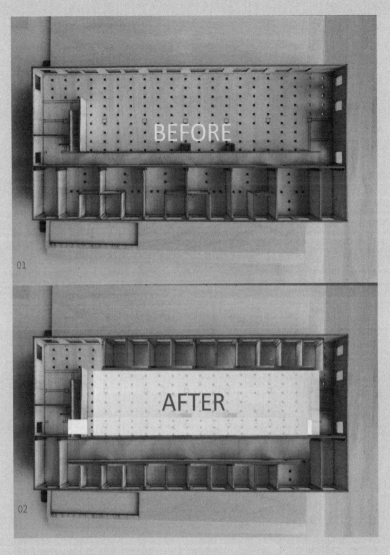

01—02 南方科技大学人文学院临时办公区公共活动空间配置前后
这个可拆卸重组的模型同时也是办公设计交流的平台

01—02 走廊改造前后对比（上）和电梯间的简易互动装置（下）　　　　　　摄于 2019 年

03—04 人文学院青年中心空间办公室设计（上）与临时办公室（下）　设计于 2017—2018 年

从 2017 年到 2019 年，南方科技大学人文学院先后设计和使用了三个不同的临时办公空间。它们代表着日常生活中的不同空间际遇：①没有选择（不装修）；②（经过协商）有一部分选择（部分改建）；③完全自主选择自己期待的生活和工作空间（设计 / 改建）。这一部分主要介绍的是南方科技大学人文学院临时办公区和人文学院新楼，前者是由村办工厂厂房改建而来，后者则是平地而起的新建，属于③。

由简单框架结构组成的内廊式板楼，至今仍是大部分民用建筑的主流选择，它们构成了实用然而难免乏味的日常世界的主体，俗称"筒子楼"。在这个角度，工厂旅馆和大多数老式大学建筑并没有太多观感上的不同，作为临时办公室的使用者之一，为了风格的偏好而显著增加改造预算又是不现实的。众口难调，在类似的中国大学中，也很难见到艺术家大包大揽地决定类似公共空间的式样和风格。在这种真实的生活际遇中，**"设计"效果并不总是最受大众关注的前提。**

由法国 AS 事务所设计新建的人文学院院馆，早在笔者介入前就确定了外观方案，因此我们思考的主要是其结构功能的匹配。乍看起来，这座年龄不大的建筑的类型和前述的临时办公区有着天壤之别，但是，孕育这座建筑具体空间程序的土壤并没有两样：其中都匮乏真正的公共空间机制。就像寄居工作的前提那样，这种匮乏是先天性的，**传统的建筑功能分区往往基于"各就各位"互不联系的假设，**所以，像工作者主导空间里那种积极的流水线关系是不存在的，没有个体可以随便改变整体的秩序，同时，缺失的个体也不大会影响到整体空间的格局。

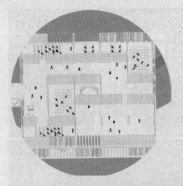
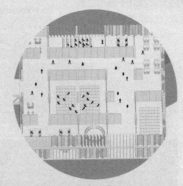

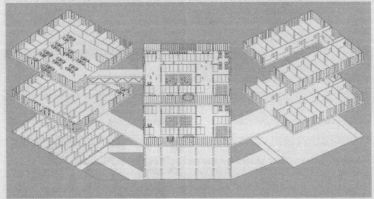

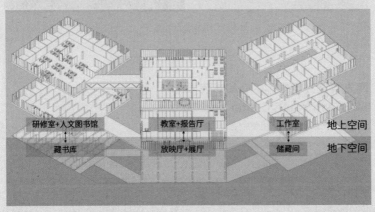

研修室+人文图书馆　　　　　　教室+报告厅　　　　　工作室　　　地上空间

藏书库　　　　　　　　　　　放映厅+展厅　　　　　储藏间　　　地下空间

南方科技大学人文学院院馆设计建议　　　　　　　　　　　　　　绘制于 2016 年
从左到右是安静区、交流区和工作区的渐变

219

校园无法孤立于城市之外，不宜让校园建筑的功能锁死在一蹴而就的功能程序中

01—06 南方科技大学青年中心和书院公共活动区施工前后　　　　　　　　摄于 2019—2021 年

南方科技大学青年中心和书院
SUSTech Youth Center and College

室内设计和空间规划，深圳南方科技大学，2017—2019 年

　　不同于一般大学，南科大新建的宿舍有着别处难以比拟的空间容量，极大改善了学生社区的活动条件。但是它的设计也是标准的，并未因其教育功能而有更多的特色。即使设计师有更朴素的偏好，还得在按照制

式流程生产的空间基础上，"继续装修"：既须设法安顿个性，也要与原设计保持最低程度的和谐，不能造成过多拆新浪费；既不能像商业空间那般喧闹炫目，还得让大家意识到空间里已经做了新的文章。

因此，从风格上，**适合和现有环境"对比"，而不是互相否定**，与此同时，还得做点什么，打破官方审美的惯性。比如怎么用大块面的空间雕塑，衬托出不同书院的性格，挖掘出各自发展的潜力。从书院自身已有的形象系统出发，不再是纯建筑的角度，而是从建筑空间与它媒体形象的整体协同来寻求对已有"装修"的突破。这样，一种视觉的属性，比如色彩，比如照明，就能和空间形成更激进的关系。于是，不太妨碍实际使用的天花板，有了新的呼之欲出的动态，原来可能很平板的建筑壁面，勾勒出虚空之中的"拐弯""延伸"，好让人有种欲走入这个空间的冲动。

寄希望于未来的变化，设计尽可能少去干预室内空间的"式样"。相对于那种完全不做任何处理才"灵活"的多功能空间，**我们又提供了一定使用场景的"剧情"和"剧本"**。比如在树礼书院，设计设想了一个时尚的水吧，并且精雕细刻了"服务"与"被服务"的界面，最终生长出一个灵活布置的室内花园。树德书院的师生，想有个属于他们的展示空间，名字叫作灵境（LUMIERE）。设计利用摩尔条纹产生的效应，着眼于空间里的光学品质，随着观看者切入的角度，走走看看，产生视觉加心理层面的动态。

为了避免将来不能举办大型活动，两个空间都不曾做过多的分割。不管是宛如森林般的意象，还是前述的室内花园，都是"不隔之隔"，它们更多的是点亮了日常空间，避免"裱糊"它们。

WeCafe 的一天

Scene 1 为一个空旷的场地做准备 A preparation for a void venue

Strategy 1 滑动平开门以适应展览和收藏 Sliding wall panels to accommodate exhibition and collection

Scene 2 为咖啡厅做准备 A preparation for Cafe

Scene 3 Interlab

Strategy 2 带滑动板的书架可以适应展览和收藏 Bookshelves with sliding panels to accommodate exhibition and books

Strategy 3 可透视界面展示内室的活动 Transparent interface to display the activities inside

Scene 4 多样的使用方法 Multiple uses

Scene 5 画廊 Gallery

Scene 6 一天的运营后重回空旷的场地 Back to a void venue after one-day running

根据 2016 年以来拍摄的照片重新拼贴完成　　　　　　　　　　　WeCafe 多功能空间中的人员合作图示

合作空间——几何空间
Co-Working Space: Geometric Space

　　合作空间较之一般工作空间有着更明确的社会性和技术路线。合作对象一般是对等的两方或者多方，双方各自拥有自己的空间资源或者调动空间资源的能力。不像一般工作空间需要有专门的服务商支持个体工作者，一般而言，合作空间的运维者最好就是空间的创造者。多方携手或者各自分工，对原空间进行重新改装，一起承担运营管理的任务，以适应共同面对的新需求。

　　合作的直接动因来自空间的先天不足，以至任一方都不可能独自完成空间从创生到运营的全部任务，无人可负担多功能、高要求的创新空间所需要的成本。在这种抱团取暖的心态推动下，才能创生这样的互助空间，合作共赢。从反面而言，在特定的需求消失后，合作空间往往也走向迅速解体。**真正有价值的空间创新发生在合作方之间，难以专属于其中一方，这是合作空间难以获得更大和更长时段的投入的本质原因。**

合作空间 几何空间
完美工作室（不同个体的集合，互补式）

罗德岛设计学院由师生共建的工坊管理表，每个人的技能搭配特定的服务时间　摄于 2017 年

WeWork 合作者技能关系图表，哈佛大学设计学院　　　　　　　　　　2005 年

合作创新的人际预设

合作创新的人因基础经常是脆弱的，假如没有一个强有力的控制中枢和前置算法，这种合作模式时常不了了之，或者很快就产生激烈的内部冲突。然而，算计过于精明的空间设计者，因为处在有利的监管地位，比其中的任何一方都容易看得到参与者之间的利害冲突，很难不产生出利用自己特殊地位的想法。这也是大多数作为商业项目存在的 WeWork 缺乏真正活力的原因。

WeWork

合作空间研究 / 设计，北京 706 青年空间，2014 年

在清华大学东门开设的 WeCafe 咖啡馆同时也是共享空间的一个早期实验。这个成本有限空间不大的设计，意在最大限度地让空间的使用变得灵活，这种灵活性，理应是**由它的成员们共同决定的。**

访客稀少的时候，咖啡馆变成一个干净的空房间，不似寻常那样满和乱，有利于引来文化和文化名人"加持"。即使是咖啡操作间，基本定位也是尽可能简单，只有少量常用的东西放在外面，而杂物包括食料都收纳在该去的地方。为了活动时可以最大限度地"扩容"，几乎所有家具和空间隔断都经过了特别设计，是可变化的。于是，空间中没什么是永久的，每个变化对应空间元素不同的组合方式，**反映了参与者不同的关系，不同活动和使用的痕迹成为下一轮活动和使用的基础**，也让一种"数目字管理"的空间运维法变得可能，接续使用者的观感。

这样的合作空间是"演出厅"和"美术馆"的合体。在咖啡馆和酒吧中有（声量不大的）演出和音乐不罕见，是否可以用美术馆的方法来管理咖啡馆？

两种貌似不同的文化空间，实则构成一个互补的关系：演出提供源源不断注入的能量，美术馆让这种能量在空间中有延续下去的可能。在这里，**合作也意味着"活动"和"欣赏"之间的矛盾**，咖啡和饮食是动静上下之间的润滑剂——菜单由参加活动和来看展览的"我们"决定。

在 WeCafe，从空间布局、材质调性、家具创新，到用品设定、食饮组合，行为习惯的程序编定随着"我们"而波动。自然，它也决定了这里的经营模式，"我们"需要一个几乎全能的管理者"我"去理解和实践。

南方科技大学专家公寓大堂重新设计的功能动机

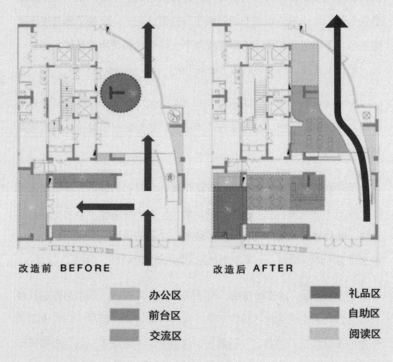

改造前 BEFORE　　　改造后 AFTER

办公区　　礼品区
前台区　　自助区
交流区　　阅读区

南方科技大学专家公寓大堂重新设计后的空间功能布局

公寓大堂落成，入门后左侧的入住登记空间被"抢救"出来成为一个社交场所　摄于 2017 年

专家公寓大堂接待空间
Expert Apartment Lobby

室内设计，深圳南方科技大学，2017 年

专家公寓是大学校园中唯一保持着 24 小时开放的空间，对于难以和城市相提并论的校园而言，它具备了特殊的公共空间的属性，值得善加利用。由于开放空间的基本定位，我们无法在公寓大堂中创造出过多的区隔，而只能巧妙地做到"隔而不隔"，**让公寓的基本接待业务和师生的社会交往互不相扰，统一管理和自助服务彼此补充。**

这个空间有限的投入条件无法和同面积的酒店相提并论，但是它依然要用最有效率的办法，迅速填充缺乏人气的空间，创造出宾至如归的温暖气氛。因此，除了创新型的灯具和家具陈设，最重要的是**如何为空间的公共功能找到合适的"赞助人"**，让"公家"与公众，双方能够一拍即合。

"超级城市"竞赛激发的思考

超级城市——现代空间
Super City: Modern Space

对于超级城市的认识，来自十九世纪下半叶开始出现的那些超大城市的基本体验。在中国，最著名的实例是至今仍在不断扩张的深圳特区。这里完全脱离了循序渐进的传统演化模式，很大程度上也不属于系统规划，一板一眼落实的经设计的城市。可以说，深圳的超级大都市样态，是经由一夜之间从无到有的快速发展，在没有充分实验的前提下，无须蓝图也可以自发组织而成形。**在这样的城市中既有惊人的奇迹，也有很多传统城市理论不能解释的东西。**

类似于二十世纪初的纽约，这样的城市空间脱离了人文主义传统界定的范畴。其中并不存在厚实、统一而有凝聚力的价值共同体，它的城市景观既自然有机，也存在脱落和奇观的方面，可见虚拟、粗糙与精细并存。在快速扩张，直奔主题的高效率的背后，也存在相应的浪费和滞后。顶级的美术馆、图书馆和文化设施挨着毫无个性的代工工厂，世界级的科学人才和生活无法选择躺平的"三和大神"共处一城。

超级城市 现代空间
整个城市（不同个体向上堆积，扩张式）

 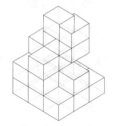 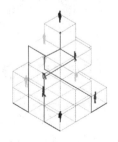

The **incoordination** makes the ci
a **mess.**

不管你是否喜欢这种速生而无底蕴的城市发展模式，超级城市已经是中国很多城市需要面对的现实。它存在以下几个显而易见的特点：

其一，在这种超级城市貌似平等的关系中，不存在具有显著优势的某个主体，人群之间的关系和传统社区大不一样了；

其二，因为地理特色，也因为建造手段的强大，空间中的各个主体的连接方式空前多样化；

其三，包括网络技术、出行方式和工作模式在内，新技术颠覆或者至少是更新了传统社区里此类人群的共处和合作模式，带来了新的城市生活的可能。

最终，这样的超级城市会有什么匹配的文化特色还是一个未定之数。它的空间样貌也一言难尽。

从科幻小说到看不清的现实

早在二十世纪初的纽约就已经出现了后来乌托邦式样的建筑狂想中描绘的那些场景。比这些可见的巨构（meta structure）或者超级城市离我们更近的，其实是外形没有那么夸张，但实质更加可怕的已经建成的现实："新城"实质是雷同、枯燥和缺乏想象力的，但是却充斥着各种光怪陆离的形象，呈现出浮表层面的多样性和丰富。更为重要的是那些看不见也不易度量的距离：在真实和表征之间，或是在键盘上的行动者和他们所能干预的现实之间。你可以说深圳是文化沙漠，但也无法忽视在这里日常展开的创意、会演、经贸和研究活动所带来的思想活力。

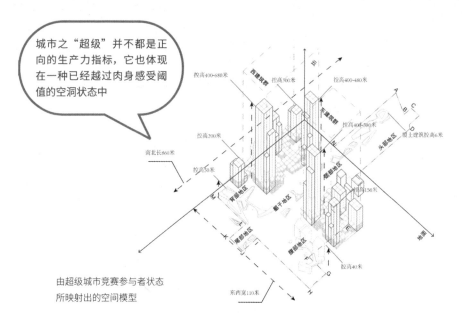

城市之"超级"并不都是正向的生产力指标，它也体现在一种已经越过肉身感受阈值的空洞状态中

由超级城市竞赛参与者状态所映射出的空间模型

超级城市竞赛
Shenzhen Bay "Super City" International Competition

基于深圳"超级城市"竞赛的未完成方案，北京和其他城市，2014 年

　　什么是"超级城市"？我们通过参加竞赛发现"超级城市"的内涵和组织方给出的并不一致。在政治正确的前提下，国际化、（大）都市化的说法都不大会受质疑，甚至成了一种宣传套式。作为经济生活强度和产值同

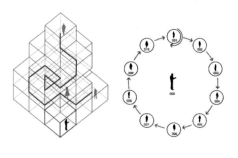

Available Human Resources
Eleven interdisciplinary students from different universities.

超级城市竞赛方案松散的合作网络

000 Professor of Architecture, Beijing
001 Student of Literature, Beijing
002 Student of Architecture, Beijing
003 Student of Architecture, Nanjing
004 Student of Architecture, Shenzhen
005 Student of Transportation, Xi'an
006 Student of Urban Planning, Beijing
007 Student of Economics, Beijing
008 Student of Landscape, Xi'an
009 Student of Architecture, Xi'an
010 Student of Architecture, Shenzhen
011 Student of Architecture, Xi'an

样惊人的超一线城市，深圳城市中已经发生的巨大的社会变迁，往往也淹没在建筑和城市本身的浮华图像中。

本方案的核心思想却源于竞赛团队的组织形式本身。组织人向身处全国各地的团队参与者试着发出了一份工作任务，本应按照"击鼓传花"的形式进行。因为没有真正的压力，也因为不同的参与者在参与热情和工作责任心上存在着巨大的差异，任务传递速度时快时慢，时而工作陷入停顿。参与者并不必然彼此相熟，也带来了工作配合中显著的亲疏之别。在线性的流水线作业之外，衍生出了打破原有设定的，私相授受的"非法"工作结构。

把以上的人际关系和社会动力学模型投射回一个虚拟空间，我们有了比竞赛举办方更加精彩的对于"超级城市"的设定。城市之"超级"并不都是正向的生产力指标，**它也体现在一种已经越过肉身感受阈值的空洞状态中：**这种状态虽则不大可见，却一点也不抽象。相反，它体现为形形色色具体的空间关系，既包括形态指标、物理参数，也具备极强的心理学意义，让人产生或者丧失对于现实环境的依赖感，变得盲目自信或充满焦虑。**"超级城市"预言着未来城市学的最终转向，**让人歆羡和失落的巨大城市或因这种内在的张力而崩解。建筑形式亦随之起舞。

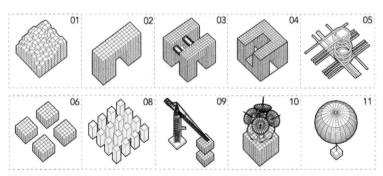

超级城市竞赛方案空间原型概念

01—02 南方科技大学公共空间使用场景 摄于 2017 年

大学作为一个松散合作空间
University as a Loose Cooperation Space
校园设计和研究，1999—2024 年

　　迄今为止，大部分校园设计都有意无意地忽略了中国大学的社会学构成。例如在学术研究之外的学生生活应该如何管理，社区又该依循什么样的建筑类型？一般大学仍在使用的学工部、宿管科、饮食中心等名词，都是历史时期形成的设定，以"管控"为要务，它们分别隶属于性质不同的行政部门，彼此形成错综复杂的搭配关系，而又不总能有效协同。改革开放以来，部分校园引入了外部城市的因素，足够对原先仅是自上而下的"后勤服务"构成竞争。校园生活中一旦有任意"事故"，都为原来的管理体系带来猛烈冲击，使得一厢情愿的制度设计失效。校园的主人——学生，被排除在这种真实而又动荡的情形外，他们的主要使命依然是"一心只读圣贤书"。

事实证明，**校园无法孤立于城市之外，它理应符合城市发展的一般规律**。即使大部分大学城都不免沦为远离既有城市文脉的飞地，城市的逻辑依然适用于这些飞地的自我修补。不宜包办一切，让校园建筑的自我调适功能锁死在闭环的功能程序中，这样就无法预见和适应校园未来发生的变革。与此同时，我们又不能无视中国大学教育的现有条件，不大可能靠明星建筑师撑起空间的脸面，不顾及现有校园生活的"地板"。

毕竟，大学校园是一个社会文明程度的窗口。究竟什么才是校园空间真正的标准所系？这是一个比"大楼或大师"的选择更让人挠头的问题。归根结底，**只有学生和他们的"社区"才是校园这个小社会的根本**。对于校园空间的研究终将涉及校园社区的底色，后者和外面的世界并没有本质的区别，也将承受风险和种种不尽完美的暗面：校园不是世外桃源，学生即是未来的社会。如果承认这个小世界终将融入城市，围墙两边的差异最终会消除或者大大减小，高等教育也会随着它的容器一并发生重大的变革。

"十个展览"，北京中间美术馆。空间自身也是展出的对象

的 空 间

国家馆
National Pavilion

项目名称："2010年威尼斯建筑双年展中国国家馆"
项目时间：2010
项目地点：意大利威尼斯军火库威尼斯双年展中国国家馆
项目主办方：中华人民共和国文化部
项目参与形式：策展人

Name China Pavilion at the 12th International Architecture
Exhibition- La Biennale di Venice
Time 2010
Site the Arsenal, Venice
Sponsor Ministry of Culture of The People's Republic of China

艺术家和艺术都绝非没有国界。作为一种"想象的
共同体"，如何定义"中国"一直是当代中国艺术
的中心问题。不仅如此，在艺术家的文化热情中，不
仅是普通的一份认定，还有时常和"西方"并举的
"大国想象"或者"大文明想象"，当代中国硕大
的展厅、艺术家工作室和巨型尺度的作品之多都是
引人瞩目的，与这种尺度相称的是对于系统、结构、
深度、规模……等等的关注与雄心。

中国官方介入威尼斯双年展之后，一直粗用军火库一
区域的狭小油库作为中国馆的所在地。直到今年
库内的油罐被搬除之前，军火库的狭小空间都是
展人和参展艺术家的焦虑所在。"大"和"小"
的冲突中是艺术的个体特征和集体身份之间的矛
盾——可能还有一个自认为伟"大"的艺术群体
它事实上有限的机遇间的张力。

摄于2014年

中国人民大学艺术学院展厅使用中：建筑消隐，突出了"内容"

南方科技大学树礼书院活动室

摄于 2020 年

第五章
创新空间改变我们

创新空间和人的关系

改变任务

改变视角

改变物性

空间改变我们

WECAFE 空间公共使用场景

创新空间和人的关系

Innovative Space and People

如前所述，空间创新并不像它字面上的含义那般轻易。创新并非艺术家、设计师的一厢情愿，而是取决于多种要素包括技术条件的综合作用，还要落实在一个具体的社会系统的现实之中。无论是说服各方变革这种系统，还是孕育真正的发明创造都不轻松，难以一蹴而就。但是，我们又不能总依赖创新历史中难得一见的奇迹时刻，或是被动地对貌似艰难的任务产生简单的应激反应。相反，我们需要摸索某种看得见的，又是出其不意的创新路径，聚焦于此时、此刻。

简而言之，空间创新首先是一种对于现实世界的不同理解，不仅是消极的工程项目或需要解决的实际问题。语境（CONTEXT）有时称为文脉，文脉由时空两条线索组成，体现为稳定的空间、物质、技术和经济、社会、文化条件，受制于特定的因果关系，很难彻底逆转或是予以颠覆，但是往往是主体的不同选择才带来空间的重大变革。

重新诠释的空间任务带来不同的努力方向和全新的应对现实条件的策略，它相应的外在表达，也一定是令人耳目一新的。最终，或许创新也能带来实质性的变化，并且推动更大的变革浪潮的到来。

借用习惯的表达方式，我们就是我们所安顿的样子。（WE ARE WHAT WE INHABIT.）

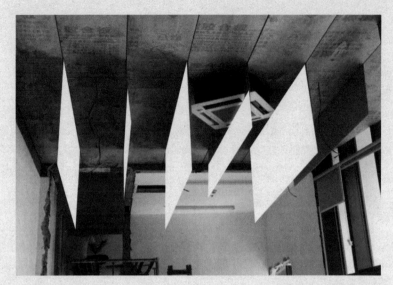

　　2018 年南方科技大学团委办公室吊顶改造，后一工序的施工者消极跟随不合理的前设，歪斜安装的空调出风口，并未被质疑，而是"将就"处理，带来令人啼笑皆非的结果。（下图为改造示意图）

改变任务
Change Task

尽管甲乙方关系即委托方与设计师的关系是个饱受诟病的不平等关系，在一般的市场操作中，这种关系又是无可厚非的。大多数时候，委托方天然站在相对保守的一面，而稍有抱负的设计师总是想着改变现状。问题是**如何让这两种看似不兼容的想法互相谅解**。

改变任务是一个空间创新者的天性。但是**这种改变并不意味着彻底颠覆任务**，而只是剥离它的表象，获得真正有价值的部分，并站在对方的角度，设身处地地考虑他们的出发点和可能性。在这个意义上的改变任务，只是在于坚守空间创新者的一般伦理底线，**把真正有利于空间使用者的问题揭露出来，使得它们最终成为委托者——设计师共同的利益所在。**

设计任务的设定和改写

在保守的设定中，设计目标都只是"解决问题"或者"装饰现实"，后者恰恰是因为在前者不易做到时，要转移人们本来已经紧绷的注意力。除了僵直的"问题"，设计任务其实还有更大的阐释空间，比如"改善问题"或者"表达／沟通问题"，这样，使用空间的人们不只是面对使人挠头的问题，也可以得到无功利的"体验"。

南方科技大学团委办公室改造过程

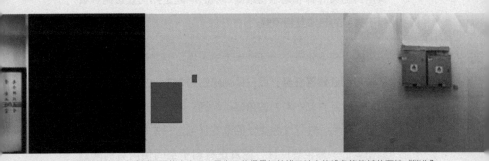

增加的十一个式样不同的方盒子只是为了使得最初放错了地方的设备箱能够体面地"消失"

南方科技大学团委办公室改造完成图
摄于 2018 年

现代大学的学生工作办公室更像一个特别的社区中心

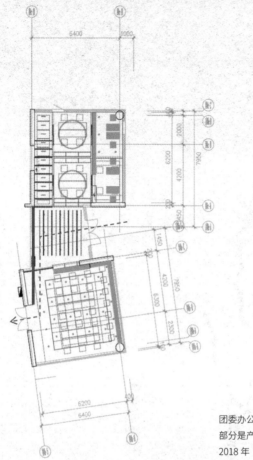

团委办公室总平面图，红线指示
部分是产生形象问题的"中堂"
2018 年

团委办公室
Youth League Committee Office
工作空间设计，深圳南方科技大学，2018 年

现代大学的学生工作办公室不应是下级请示上级的汇报现场，更不应是官僚机构的迷你版本。它像一个特别的社区中心，既能应付日常会议和事务处置的需求，也能对越来越"宅"的学生有不一般的吸引力，去抵消他们对于宿舍床铺和网络游戏的依赖。

通过把室内的一切改"白"，取消了语境和内容的差别

"白巷"展览现场：从商业到艺术

改变视角
Change Perspective

语境不可以轻易抹杀，但是可以转换和逆转，**也就是我们通常所说的"换一个角度看问题"**。有时候换了角度再看一个空间会截然不同，这并非是一种朝三暮四的狡辩，而是完全不同心理逻辑的设定，基于出入很大的行为规律和转换机制，空间的表象可以随不同的"看法"改变。

按照语言学家乔姆斯基（NOAM CHOMSKY）的理论，我们不需要纠缠过于复杂和难以干预的外部语境，研究语言生成的内在规律，就能带来那种最深刻的影响外部语境的能力。**改变视角，因此是大多数空间创新的现实起点，不与任务前设正面冲突**。这样的新看法，起点不是教给人们"应该如何去重新认识空间"，而是让构成空间的要素貌似平等地重组，潜移默化生成新的意义。

语境和内容

创新设计并不一定推翻原有的任务，仅仅是重新表述任务便是反思了设计目标的本身。比如我们可以夸张突出某些特定的设计内容，也可以彻底取消设计语境和内容的差别，使得两者的差距得以减小甚至趋于消失。在这两种极端的情况下，创新空间都会显现出与日常生活不同的含义。

白巷艺术空间线稿

白巷
White Galleria

艺术空间设计，北京房山，2018 年

　　"白巷"谐音"白相"（沪语"玩"的意思）。"白"源自项目非凡的语境：开发商设定的商业空间和当代艺术的画廊定位相去甚远，格格不入，我们无法改变两者中任意一个，只能设法调停它们的关系。通过把室内的一切改"白"——四壁、天花板、地板、家具、标识、艺术品自身甚至接待人员的衣着和发色，商业销售转换成了艺术概念。

南方科技大学蓝海活动室效果图 摄于 2019 年

蓝海活动室
Blue Sea Activity Room
学生活动空间室内设计，深圳南方科技大学，2019 年

　　预算原本是 10 万的书院活动室改造项目缩水成了 2 万，也抛出了一个根本性的问题：不菲的**"设计"的附加值到底在哪里？**如果说，对于大部分受众设计本并不是刚需，那么以设计之名执行的更新项目，首先得解决实在的功能问题，或是改善空间本身的物理状况。如此，以更微薄的投入，是否反而可以凸显出"设计"的意义所在？**如果在设计中只能做很少的事情，那么这些事情应该优先考虑什么？**

　　我们最终决定，优先且仅改变活动室的"颜色"。有限的预算不足以增加像样的家具，学校的政策也不允许随意替换既有的家具。新的颜色只是引起了某种环境和意义的联想，带来了生活布局的新策略。已有的家具一部分被转移到其他活动室中，调换来的家具都是近似的黄白颜色，突出了空间重生后新色系的意义：蓝色的地板寓意着"大海"，蓝色的天花板上剩下的射灯则是"星辰"。重新定义的环境氛围旨在强调空间整体的存在，而不是突出其中某个个体，同时也避免简单低幼的"五彩缤纷"。

改变物性
Change Materiality

创新空间的意义甚至会改变建筑学的核心定义。比如透明性，这个概念在初次提出时是材料科学：出现于两河流域并在欧洲较早使用的玻璃，让使用了这些建筑材料的地方比东方世界里的城市更为"透明"。建筑理论家柯林·罗（COLIN ROWE）在二十世纪下半叶再次提出了透明性的概念，这次他指的不是字面意义上的透明而是空间认知的透明，即使这座建筑不使用玻璃，表面上看起来并无显著的开口。一个建筑师设法使得他的建筑空间为表皮另一侧的人所感知，那么他也就使得它获得了事实上的透明性。沿着这样的思路，人们意识到空间的视觉形象和它的心理感知并不等同，二者不一定因循同样的构造路径，那么我们可以想象某种建筑材料可以不透明，同时又能透光——比如最近已经成为现实的"透明混凝土"。

客观条件是产生主观感受的前提：一堵墙似乎是不可能让人"看见"的。但是，当我们改变认知这个问题的角度，就像潜水艇中的人通过潜望镜观察水面，那么也便出现了对于"墙"和"看见的"新的认识，它进一步改造了客观世界构造自身的方式。作为实体的空间和它所传达的形象可能一致，也可能通过某种技术方法产生背反，带来此前不可思议的观感。新的设计目标和空间手段由此产生。

新透明性的启发：如何可以厚重同时有光？

01—02 在中国人民大学艺术学院展厅和关山月美术馆中的半透明展览界面　　　　　摄于 2010 年

半透明墙壁和窗
Translucent Wall and Window

展览空间设计，北京，2010 年

关山月美术馆（右）和中国人民大学艺术学院展厅（左）意味着不同的"透明性"构造策略。前者是看得到的"飘浮感"，展品犹如悬空一般；后者，则是强调了坚实的墙壁和错动的空间层级之间的对比，**当你意识到"后面无尽"，封闭的盒子就被打开了。**

设计的材料学

建筑材料大多数时候讲究"即如其感（观）"，但是这种材料学明显带有主观的成分。让·鲍德里亚（Jean Baudrillard）就此区分了两种不同的"热"，"它温暖的材质为精心设计的柜子带来了亲密感""克罗米把手和黄褐色软皮革椅子搭配着上了油的亚光巴西玫瑰木门，肃穆和温暖完美地融为一体"，我们就会理解，设计中的"热"其实和自发热的热源无关，这种热意是和秩序、组织联系在一起的，是两种极端之间的反差所致。

表达庞大有序的人与人关系的墙纸设计：

这不是装饰，本书中提到的『演员』都在这里

空间改变我们
Space Changes Us

马克思主义理论家哈维（DAVID HARVEY）谈及二十世纪**空间转向**（SPATIAL TURN）的社会意义，认为被改造了的空间压倒时间，成为后现代社会的重要表征。人们已经远离真正的自然，反而通过一个无所不在的人为的空间系统认识世界，形成自己基本的价值观念，以技术工具度量外在和人的关系，从而也建构了一套庞大有序的人与人的关系。一个人的生命世界从这个角度看来也是空间的生产与再生产，他的行为是个体对空间局部的消费，同时也被集体构成的更大的空间所消费。最终，我们从这一过程中理解了整个生活的意义——**有什么样的空间，就有什么样的生活。**

现实中大多数的空间问题并非由普通人决策。但是，我们所生活的世界的现状真的全然合理吗？对这个问题的不同答案至少构成了我们创新或者不创新的重要前提。

除了面对层出不穷的技术问题和纷乱世界的表象，现存空间自身的合理性也应时时受到质疑。事实上，我们看到的每一个现存空间都是历史脉络中的因果关系的产物，由人推动，**既有合理性的继承，也有无奈而盲目的因袭**。重要的是，空间对于生活其中的人产生重大而即时的影响，除了符号的文化意义，它还通过潜意识指挥着你真实的行动，并把你的作用限制在特定的立体网络和节点之中。

城南计划
Residence Redesign in Beijing Historical District
老城区更新设计，北京东城区，2015 年

　　原本仅供一家人栖身的小四合院，在新的社会条件下却要挤进去两户。院中因此必须套院，才能保证住客最起码的隐私。最终，与其说是城市更新真的让传统居住形式获得了新生，不如说，它暴露了现代城市对每个人心理边界造成的又一轮冲击。夹在两户之间的"公共"凸显了脆弱"个体"的存在：如何在两者之间维持适当的平衡，无法照抄古典样式，而亟须**"发明"一种青年旅馆那样的新的社会风尚，公共交流的愿望会缓和一部分空间条件的不足。**

北京前门草场胡同项目区位分析图 　　　　　　　　　　　　　　　　2015 年

北京前门草场胡同项目北立面图 　　　　　　　　　　　　　　　　2015 年

北京前门草场胡同项目室内效果   2015 年

上海愚园路，——我们试图在封闭的社区界面上打开一个对城市的出口，在其中放置什么成了问题

山水幻境和人间温暖——南方科技大学专家公寓大堂接待空间

摄于 2017 年

南方科技大学人文学院新楼室外景观拼贴：并非"效果图"，而是对即将到来的改造的预估

摄于 2018 年

后 记

今日美术馆"炎凉世界"展览策划和空间设计，2013 年
本展览的主题与一座三线城市的历史有关

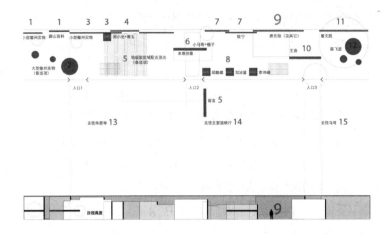

碧山计划之广州时代美术馆展览设计,
该美术馆旨在打破社区和展览的边界, 2011 年

空间是一种先验的存在,无法触动其大体,还是可以通过不懈的努力使其改弦更张?尽管哲学家们对此并无定论,有一点是很清楚的,就是我们可以努力改变身边的空间,并且通过每个人的努力,看到乐观的前景和积极的结果,并使一切进入良性循环。正像德波(GUY-ERNEST DEBORD)所说,**那些改变了我们大街的事情,远比改变博物馆里一幅画要意义重大。**

日常空间的创新——一个思考的大纲
Innovation in Everyday Spaces : An Outline

日常空间的概念生成并不意味着真正的日常。在社会学的研究中，人们对于大众和底层所意味的平常有伦理层面的尊重，但平常也往往等同于庸常（恰恰是创新的反面），其掩盖的实质问题并不因为我们常常施与的同情心而消失。在建筑学中，现实意味着一个我们不得不屈从的情境，它和设计的关系恰如日常和创新的关系，后者似乎通常是受到压抑的。

屈米（BERNARD TSCHUMI）这样发问：一个（理论家的）设计项目应该是设计一种情形，还是让设计合乎情形？就像海杜克所说，寻常的逻辑，是一个确定的设计任务书生成一个确定的产品，然而从教育和自我教育的角度出发，我们更希望有一个不确定的任务书，产生开放的结果。这里的日常，意味着多个真实语境的混合，以及我们不能预料的后果。每个人自认的日常是相对的，无法完全统一。企图在它们之间建立确凿的、多样性的联系，是出于教育（PEDAGOGIC）的逻辑，而不是一种伦理的先设——虽然在现实中两者常常混淆在一起。

如果日常创新并不意味着创新本身的日常，那什么才是创新的路径？不可预料的创新可教吗？可学吗？这里必须提到一本和"创新"沾边的建筑理论书，杰西·雷泽（JESSE REISER）的 *ATLAS OF NOVEL TECTONICS*。我阅读的是本书的英文版，据说中文版叫作《新兴建构图集》——很容易使人联想起建筑设计资料集，从书名用词的选择上，也许已看到了两种空间营造思想体系的差别。

"建构"（TECTONICS）一词在中国建筑界也曾经如雷贯耳，但建筑师们所看重的建构，往往还是实在的物理组成，乃至结构工程学。有时候，难免还会捎带上赋予这种建构的褒贬意义，比如精巧／简洁／复杂／牛等。其实，建构至少还有两个层面的含义：其一，是可能类似，却不等同于受力分析的"感受的构造"（视觉经验是其中最常见的一种感受）；其二，是思想本身的结构，也是西方建筑学自己最为执着的本体构成机制之一。像柏拉图主义者所认定的那样，理念是最高级的形式。

尽管关于建筑设计的书籍汗牛充栋，雷泽的这本书可能更偏重于后两者的建构，但它是我看到的少数以"创新"为题的样板设计著作之一，这也是为何我在这里特意提到它。这里的建筑，不是作为结果，而是聚焦普通建筑学中问题发生的起点。比如圣路易斯的华盛顿拱门反映了一个拱的受力情况，而罗马人的拱券＋柱式则修正／隐藏了这种力学图式。所以，前者是结构力学的直接显现乃至优化，后者是建筑学。受到现代主义影响的建筑教育总爱说"实事求是"，而雷泽写道，只有自然才是真正连续的，而人的构造总是落实在有限之处——貌似抽象的建筑理论，说明了日常生活中创新的可能——创新不是可以一朝一夕"完成"的，永远是"现在进行时"。

建筑师的写作并不只是项目说明，类似的话反过来说，理论家的建筑有时却说明不了他的理论。作为例子，雷泽在书中提供了不少貌似不甚有说服力的项目方案，而且也从未区分理论和现实的边界，难怪会被一些中文读者视为文字游戏。但是我觉得，仅仅是指向现实的图集并不具备完整的理论意义。而且编制"建成作品集"也不是本书的任务。本书提供的只是一套空间实践的导视系统，一种思想地图，对愿意自带干粮出门探索的人而言，类似雷泽的书里，已经提供了足够创新（NOVEL）的"路线"图（这或许就是书名之中 ATLAS 一词的含义）。

2012 年来到高校任教之后，我陆续在北京和深圳两地从事校园建设有关的工作。对我而言，这是最直接和有效的空间创新的出发点。虽然校园中的现实在城市人看起来底线并不低，但是它却是我的以及很多对此尚无感的青年学生的"日常"。很多人呼吁中国高校应有更多的明星建筑，但是我的看法正好相反。校园建筑设计的创新绝不意味着昂贵，而是对于建筑的可用性（UTILITY） 的较高的追求。为不必要的装饰所付出的代价和管理的高成本，假如能够周转，正好可以弥补提高建筑可用性所需的投入。

日常空间的绩效（EFFICACY）不完全等同于效率（EFFICIENCY），除了单位耗能等这些终端指标外，建筑的绩效无法得到真正技术化和绝对客观的定义，评价日常空间也不可能面面俱到。真正有用的评判依据，应该是若干考量中目前真正紧迫的一个，以及长远而言最有利的一个。日常空间的表现（PERFORMANCE）应该是用投入产出比衡量的——不计投入的效果（EFFECT）和在意投入产出比的绩效（EFFICACY）是不一样的。

怀着这样的信念，从十年前开始，我投入了校园空间日常创新这样一个始料未及的事业。在我能做到的地方，我不遗余力；在我力有不逮的地方，我思考，并把思考的收获与我的学生分享。

尽管大部分人的眼睛如今还是在眺望着更遥远的地方，但是我相信，总有一天他们中的大多数，还是会像我这样，愿意回到出发的地方，回望自己曾经赖以成长的空间。那时候他们的"看法"将会不同，因为，那时他们已不可能仍是这些空间的旁观客或消费者。极有可能，他们将是它的受惠者或是责任人。

本书和我已出版的多本有关建筑史、城市史和其他领域的著作并无矛盾，它们都是关于我经历的、我观察到的和有感受的。如有不同，那就是本书所记录和叙说的，主要是我在具体的、正在发生的现实中的行动。绝大部分案例，都是归国以来，我在各种语境的实践项目中的亲身经历，它们的不足或缺憾将由我完全负责，而收获和感激自在不言之中。

我在数所不同的大学的经历，提供了反思这些项目的最佳智识环境。我要感谢在这些学校结识的同事、同学。尤其是南方科技大学和我如今任职的清华大学未来实验室的同事和同学。是他们无私和慷慨的帮助，使得这本书的设计和顺利出版变得可能。

归根结底，日常空间是社会性的——这是为什么建筑思想有助于理解空间绩效，它也最终说明了创新的必要性。今天，我们生活在一个日益扁平和虚拟的世界中——扁平意味着日常生活越来越难以产生真正的个性和变化，而是更多受到不明系统的影响，虚拟则使得生活分化为直接和间接的两极。我们在日常生活中不得不面对全部的现实，包括以上所述的迷局，而"创新"则展现了思考的主体所具有的可能性和行动力。

唐克扬

2022 年 11 月，北京，清华园

书 目

吕胜中的装置作品《山水书房》既呈现出画面同时也是一个真实编目的图书馆，
可以随着和使用者交互生发不同的故事

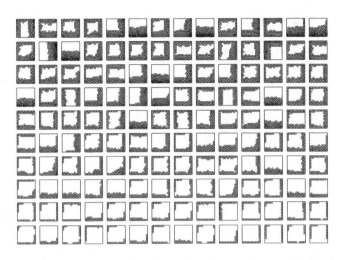

标准书架网格和其容纳物关系的随机推演，2021 年

　　读一本书就能改变世界的时代早已过去了，如豆灯光下注目于白纸黑字的阅读经验正在远离新的一代人。不过，书依然是最有效地获取非碎片化知识的途径，专注于一本书的世界好像沉浸在一个空间之中。编制书目，则是另外一种让创造性思维本身结构化的努力。适当分类再把空间创新领域的所需知识连贯起来，有利于先在头脑中构建出一张完整的智识之网。为了平衡起见，每个门类最好可以有一本小书，一本大书，一本汲取有益的思想，一本获取丰饶的材料，一本关于过去，一本讲述此刻，一本展望未来——当然，若能有一两本书囊括以上特点，那将是最好不过的了。

创新空间拓展阅读书目

Further Reading on Innovative Space

学科

(A)
1 城市规划和设计
2 建筑学理论
3 建筑史与艺术史
4 建筑与城市策划

(B)
1 室内设计
2 景观设计
3 工业设计
4 信息技术和数字建筑

(C)
1 中国建筑学专题
2 视觉传达和可视化
3 设计文化
4 人文社科

(D)
1 空间与技术
2 一般创新理论
3 公共政策与城市治理
4 实践导则、手册与白皮书

1.Kevin Lynch, *The Image of the City*, The MIT Press, 1960, 9780262620017.

《城市意象》, 〔美〕凯文·林奇著, 方益萍、何晓军译, 华夏出版社, 2001, 9787508024271。 **A1**

2.Peter Hall, *Cities of Tomorrow: An Intellectual History of Urban Planning and Design in the Twentieth Century*, Wiley Blackwell, 1988, 9781118456478.

《明日之城：一部关于 20 世纪城市规划与设计的思想史》，〔英〕彼得·霍尔著，童明译，同济大学出版社，2009，9787560840390。 **A1**

3.Jane Jacobs, *The Death and Life of Great American Cities*, Vintage Books, 1992, 9780679741954.

《美国大城市的生与死》，〔加〕简·雅各布斯著，金衡山译，译林出版社，2005，9787806578575。 **A1**

4.Lewis Mumford, *The City in History: Its Origins, Its Transformations, and Its Prospects,* Harcourt, Brace and World, 1961, 9780436296000.

《城市发展史：起源、演变和前景》，〔美〕刘易斯·芒福德著，倪文彦、宋俊岭译，中国建筑工业出版社，1989，9787112005703。 **A1**

5.Spiro Kostof, *The City Shaped: Urban Patterns and Meanings Through History*, Thames & Hudson, 1999, 9780500280997.

《城市的形成：历史进程中的城市模式和城市意义》，〔美〕斯皮罗·科斯托夫著，单皓译，中国建筑工业出版社，2005，9787112071388。 **A1**

6.Colin Rowe、Robert Slutzky, *Transparency*, Birkhäuser Architecture, 1997, 9783764356156.

《透明性》，〔美〕柯林·罗、罗伯特·斯拉茨基著，金秋野、王又佳译，中国建筑工业出版社，2008，9787112095483。 **A2**

7.Le Corbusier, *Vers une architecture*, Getty Research Institute, 2007 (English), 9782700301885.

《走向新建筑》，〔法〕勒·柯布西耶著，吴景祥译，中国建筑工业出版社，1981，150403923。 **A2**

8.Christopher Alexander, Sara Ishikawa, Murray Silverstein, Max Jacobson, Ingrid Fiksdahl-King, Shlomo Angel, *A Pattern Language: Towns, Buildings, Construction*, Oxford University Press, 1977, 9780195019193.

《建筑模式语言》，〔美〕C. 亚历山大、S. 伊希卡娃、M. 西尔佛斯坦、M. 雅各布逊、I. 菲克斯达尔 - 金、S. 安吉尔著，王昕度、周序鸿译，知识产权出版社，2002，9787800116285。A2

9.Adrian Forty, *Words and Buildings: A Vocabulary of Modern Architecture*, Thames & Hudson, 2004, 9780500284704.

《词语与建筑物：现代建筑的语汇》，〔英〕阿德里安·福蒂著，李华、武昕、诸葛净等译，中国建筑工业出版社，2018，9787112214815。A2

10.Rem Koolhaas, *Delirious New York: A retroactive manifesto for Manhattan*, Oxford University Press, The Monacelli Press, 1978, 9780195200355.

《癫狂的纽约：给曼哈顿补写的宣言》，〔荷兰〕雷姆·库哈斯著，唐克扬译，生活·读书·新知三联书店，2015，9787108052780。A2

11.《设计学院的故事》，唐克扬主编，苏杭译，北京大学出版社，2011，9787301191804。A2

12.Peter Eisenman, *Ten Canonical Buildings 1950 - 2000*, Rizzoli, 2008, 9780847830480.

《建筑经典：1950—2000》，〔美〕彼得·埃森曼著，范路、陈洁、王靖译，商务印书馆，2015，9787100111652。A2

13.《"间隔"的秩序与"事物的区分"——路易斯·I. 康》，汤凤龙著，中国建筑工业出版社，2012，9787112144853。A2

14. E. H. Gombrich, *The Story of Art*, Phaidon Press, 2007.

9780714832470.

《艺术的故事》，〔英〕E.H. 贡布里希著，范景中译，生活·读书·新知三联书店，1999，9787108013132。 Ⓐ3

15.Ross King, *Brunelleschi's Dome: The Story of the Great Cathedral in Florence*, Walker & Co, 2000, 9780701169039.

《圆顶的故事：文艺复兴建筑史上惊天泣地的一页传奇》，〔美〕罗斯·金著，陈亮译，上海社会科学院出版社，2003，9787806812501。 Ⓐ3

16.Erwin Panofsky, *Studies in Iconology: Humanistic Themes in the Art of the Renaissance*, Routledge, 1972, 9780064300254.

《图像学研究：文艺复兴时期艺术的人文主题》，〔美〕 欧文·潘诺夫斯基著，范景中、戚印平译，上海三联书店，2011，9787542635211。 Ⓐ3

17.Wu Hung, *The Double Screen: Medium and Representation in Chinese Painting*, Reaktion Books, 1996, 9780948462917.

《重屏：中国绘画中的媒材与再现》，〔美〕巫鸿著，文丹译，上海人民出版社，2009，9781208087550。 Ⓐ3

18.George Kubler, *The Shape of Time: Remarks on the History of Things*, Yale University Press, 1971, 9780300001440.

《时间的形状：造物史研究简论》，〔美〕乔治·库布勒著，郭伟其译，商务印书馆，2019，9787100168861。 Ⓐ3

19.Reyner Banham, *Theory and Design in the First Machine Age*, The MIT Press, 1980, 9780262520584.

《第一机械时代的理论与设计》，〔英〕雷纳·拜纳姆著，丁亚雷、张筱膺译，江苏美术出版社，2009，9787534429040。 Ⓐ3

20.《"空间"的美术史》，〔美〕巫鸿著，钱文逸译，上海人民出版社，2018，9787208145269。 Ⓐ3

21.William J.R. Curtis, *Modern Architecture Since 1900*, Prentice Hall, 1987, 9780135866696.

《20 世纪世界建筑史》，〔英〕威廉·J.R. 柯蒂斯著，本书翻译委员会译，中国建筑工业出版社，2011，9787112137879。**A3**

22.《建筑策划与设计》，庄惟敏著，中国建筑工业出版社，2016，9787112193325。**A4**

23.Gaston Bachelard, *La Poetique de L'Espace*, Presses Universitaires de France, 1960, 9782130443759.

《空间的诗学》，〔法〕加斯东·巴什拉著，张逸婧译，上海译文出版社，2009，9787532746170。**B1**

24.James Corner, *Recovering Landscape: Essays in Contemporary Landscape Architecture*, Princeton Architectural Press, 1999, 9781568981796.

《论当代景观建筑学的复兴》，〔美〕詹姆斯·科纳主编，吴琨、韩晓晔译，中国建筑工业出版社，2008，9787112094578。**B2**

25.David Leatherbarrow, *Topographical Stories: Studies in Landscape and Architecture*, University of Pennsylvania Press, 2004, 9780812238099.

《地形学故事：景观与建筑研究》，〔美〕戴维·莱瑟巴罗著，刘东洋、陈洁萍译，中国建筑工业出版社，2018，9787112212774。**B2**

26.Mohsen Mostafavi, Gareth Doherty, *Ecological Urbanism*, Lars Muller, 2010, 9783037781890.

《生态都市主义》，〔美〕莫森·莫斯塔法维、加雷斯·多尔蒂编著，俞孔坚等译，江苏科学技术出版社，2014，9787553701431。**B2**

27.Kenya Hara, *Designing Design*, Lars Muller Publishers, 2007, 9783037781050.

《设计中的设计》，〔日〕原研哉著，朱锷译，山东人民出版社，2006，9787209041065。**B3**

28.John Maeda, *The Laws of Simplicity*, The MIT Press, 2006, 9780262134729.

《简单法则》，〔美〕前田约翰著，黄秀媛译，中国人民大学出版社，2007，9787300082479。**B3**

29.《给建筑师的人工智能导读》，何宛余、赵珂、王楚裕、〔马〕杨良崧编著，同济大学出版社，2021，9787560885988。**B4**

30.Nicholas Negroponte, *Being Digital*, Alfred a Knopf Inc, 1995, 9780679439196.

《数字化生存》，〔美〕尼古拉·尼葛洛庞蒂著，胡泳、范海燕译，海南出版社，1997，9787806176436。 **B4**

31.Philip F. Yuan, Neil Leach, *Fabricating the Future*, Tongji University Press, 2012, 9787560848365.

《建筑数字化建造》，袁烽、〔英〕尼尔·里奇编著，同济大学出版社，2012，9787560848365。**B4**

32.《中国建筑史》，梁思成著，百花文艺出版社，1998，9787530626054。 **C1**

33.Wu Hung, *The Monumentality in Early Chinese Art and Architecture*, Stanford University Press, 1995, 9780804726269.

《中国古代艺术与建筑中的"纪念碑性"》，〔美〕巫鸿著，郑岩、李清泉等译，上海人民出版社，2009，9787208081406。 C1

34.《中国古代空间文化溯源》，张杰著，清华大学出版社，2012，9787302273646。 C1

35.Jianfei Zhu, *Chinese Spatial Strategies: Imperial Beijing 1420-1911, Routledge*, 2003, 9780415318839.
《中国空间策略：帝都北京 1420—1911》，朱剑飞著，诸葛净译，生活·读书·新知三联书店，2017，9787108047977。 C1

36.《中国古典园林分析》，彭一刚著，中国建筑工业出版社，1986，9787112003600。 C1

37.《华夏意匠: 中国古典建筑设计原理分析》，李允鉌著，天津大学出版社，2014，9787561841976。 C1

38.Wassily Kandinsky, *Point and Line to Plane*, Dover Publications, 1979, 9780486238081.
《点线面》，〔俄〕瓦西里·康定斯基著，罗世平、魏大海、辛丽译，中国人民大学出版社，2003，9787300048918。 C2

39.Itten, Johannes, *The Art of Color*, John Wiley & Sons, 1961, 9780471289289.
《色彩艺术》，〔瑞士〕约翰内斯·伊顿著，杨继梅译，北京科学技术出版社，1978，9787532207367。 C2

40.Josef Müller Brockmann, *Grid systems in Graphic Design: A Visual Communication Manual*, Niggli Verlag, 1981, 9780803827110.
《平面设计中的网格系统：平面设计、字体编排和空间设计的视觉传达设计手册》，〔瑞士〕约瑟夫·米勒 - 布罗克曼著，徐宸熹、张鹏宇译，上海人民美术出版社，2016，9787532298570。⑫

41.《中国现代文字设计图史》，周博著，北京大学出版社，2018，9787301296004。⑫

42.Edward R. Tufte, *The Visual Display of Quantitative Information*, Graphics Press, 2001, 9780961392147。⑫

43.Robert M. Pirsig, *Zen and the Art of Motorcycle Maintenance: An Inquiry into Values*, Bantam New Age Books, 1981, 9780553277470.
《禅与摩托车维修艺术》，〔美〕罗伯特·M. 波西格著，张国辰译，重庆出版社，2011，9787229040369。⑬

44.Victor Papanek, *Design for the Real World: Human Ecology and Social Change*, Academy Chicago Publishers, 1985, 9780897331531.
《为真实的世界设计》，〔美〕维克多·J. 帕帕奈克著，周博译，北京日报出版社，2022，9787547737651。⑬

45.《现代设计伦理思想史》，周博著，北京大学出版社，2014，9787301162743。⑬

46.David Harvey, *Paris, The Capital of Modernity*, Routledge, 2003, 9780415944212.
《巴黎城记：现代性之都的诞生》，〔美〕大卫·哈维著，黄煜文译，广西师范大学出版社，2009，9787563391622。⑭

47.Henri Lefebvre, *La production de l'espace*, Economica, 2000, 9782717839548.

《空间的生产》，〔法〕亨利·列斐伏尔著，刘怀玉等译，商务印书馆，2021，9787100200721。㉔

48.《乡土中国》，费孝通著，上海人民出版社，2006，9787208062153。㉔

49.《论家用电器》，汪民安著，河南大学出版社，2015，9787564917067。㉔

50.Di Wang, *The Teahouse: Small Business, Everyday Culture, and Public Politics in Chengdu, 1900-1950*, Stanford University Press, 2008, 9780804758437.
《成都的公共生活和微观世界，1900—1950》，王笛著译，社会科学文献出版社，2010，9787509712498。㉔

51.YiFu Tuan, *Topophilia: A Study of Environmental Perception, Attitudes, and Values*, Columbia University Press, 1974, 9780139252303.
《恋地情结：环境感知、态度和价值观研究》，〔美〕段义孚著，志丞、刘苏译，商务印书馆，2019, 9787100176453。㉔

52.Bill Addis, *Building: 3, 000 Years of Design, Engineering and Construction*, Phaidon Press, 2007, 9780714841465.
《世界建筑 3000 年：设计、工程及建造》，〔英〕比尔·阿迪斯著，程玉玲译，中国画报出版社，2019, 9787514617627。㉔

53.Bill Hillier, *Space is the Machine: A Configurational Theory of Architecture*, CreateSpace Independent Publishing Platform, 2015, 9781511697767.
《空间是机器——建筑组构理论》，〔英〕比尔·希利尔著，杨滔、张佶、王晓京译，中国建筑工业出版社，2008, 9787112099528。①

54.Deplazes, *Constructing Architecture Materials Processes Structures: A*

Handbook, Birkhäuser, 2005, 9783764371906.

《建构建筑手册》，〔瑞士〕德普拉泽斯编，大连理工大学出版社，

2007，9787561134399。 **01**

55.Cecil Balmond, *Informal,* Prestel Pub, 2002, 9783791324005.

《异规》，〔英〕塞西尔·巴尔蒙德著，李寒松译，中国建筑工业出版社，

2008，9787112096633。 **01**

56.Kevin Kelly, *Out of Control: The New Biology of Machines, Social*

Systems, and the Economic World, Basic Books, 1995, 9780201483406.

《失控：全人类的最终命运和结局》，〔美〕凯文·凯利著，东西文库译，

新星出版社，2010，9787513300711。 **02**

57.Reiser, Jesse, *Atlas of Novel Tectonics*, Princeton Architectural

Press, 2006, 9781568985541.

《新兴建构图集》，〔美〕雷泽、梅本著，李涵、胡妍译，中国建筑工业

出版社，2012，9787112115952。 **02**

58.《跨越边界的社区（修订版）：北京"浙江村"的生活史》，项飙著，

生活·读书·新知三联书店，2000，9787108014368。 **03**

59.Henry M. Robert, *Robert's Rules of Order*, Public Affairs, 1876,

9787543214217.

《罗伯特议事规则》，〔美〕亨利·罗伯特著，袁天鹏、孙涤译，格致出版社，

2008，9787543214217。 **04**

附 录

万物皆可拼合：由上述自拼合图形创生的西藏昌都"云朵球场"

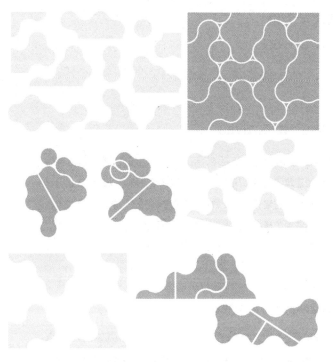

由一个自拼合图形（tessellation）演绎而来的各种实用图案，用利于生产的标准图形
的各种组合，适配本地语境产生出不标准的用途

创新空间课程可以教授吗

　　创造性活动如何规划、执行和考核？一方面创新素养需
要长年累月才能养成；另一方面接受创新的土壤并不是单方
面可以培养的，在有限的条件下，大多数时候只能"假戏真做"。
在这种情况下，我们的创新空间课程只能聚焦于两个易于理
性地理解，并在短期内容易见效的方面：**关注工具和资源，**
项目的外部条件也就是直接产生创新思想的语境；**关注表达
与沟通**，表达是必要的把抽象概念具体化和形象化的过程，
人与事的有效沟通，是使得创新得以实现的必要条件。

示范教学大纲
Sample Syllabus

● **教学目标**
COURSE OBJECTIVES

本课程将从零开始，简要地介绍当代创新空间设计所涉及的基础知识，例如建筑学与城市研究、工业与媒体设计等。以这些专业知识为工具，课程旨在培养一个受教育者在跨学科背景下的核心思考力，锻炼学生以各种工具手段介入日常生活的行动力。

● **预达学习成果**
LEARNING OUTCOMES

本课程希望通过学生的动手实践，来深化课堂中的习得。理想情况下，他们将有机会改造甚至新建一个真实的空间，如果条件有限，课程的产品也可以是一整套"假戏真做"的设计方案。学生将利用一切可能的手段，从概念、过程至最终结果，记录课程学习的所有有价值的信息，经过调查、制作、摄影、绘图、建模，经由对信息的遴选、再加工、编辑、设计，整合出汇报文件：书、视频、PPT 或其他呈现形式。

课程设计为一半的教师讲授加上一半的学生实作，加上数目待定的课外讲座（任课教师或邀请校外专家），实作形式包括课堂内教师给定形式和要求的命题创作、手工小作业，以及给定条件和问题的学期作业。最后将进行集体讲评，根据实际上课人数多少决定具体指导和讲评的形式。

● **教学内容**

TEACHING SESSIONS

1. 基本阅读 + 基本方法论

 READINGS+ METHODOLOGY

　　创新空间设计看似感性新奇，但背后的方法论则是理性和系统的。通过推荐阅读和现场参观，教师将引导学生了解当代创新空间研究和实践的概要，从中引出有关本课题的研究方法论在课程中不断发展。一方面会触及当下最新的技术进展和理论争议；另一方面，我们强调本课题最基本的理论支撑，在有限的时间内，必不可缺的是围绕现有资源的动手实践，和从概念直奔结果的"贯通式"学习（结合1～2次工坊实习）。

2. 基本工具观：物理和数字化工具

 BASIC TOOLS

　　承接上一阶段课程的内容，带领学生对工具由了解转入体会。本节课程包括案例演示和实地操作，讲解各种小型增减材加工的工具，附带主流绘图 / 建模软件的使用。工具的发展必然促进着知识的进步，而知识又牵引着工具的革新。无论是物理的，还是数字化的工具，可以打通与传承的是工具特定的属性与使用价值。课程不强调掌握工具的数量，强调见证实例与亲手使用某种工具，建造一个可以在后续设计中修改和扩充的原型，这也是深化基本工具观的典型途径。

3. 表达的力量：2-D 和 3-D 再现

 REPRESENTATION AND EXPRESSION

　　客观世界存在的事物有着它们自身的面目，并为人眼所见。但是当它们从人的经验中抽出，重新通过某种技术手段，以 2-D 平面或者 3-D 立体的形式呈现，往往会被赋予新的属性与气质。而这就是表达的力量所在。不同的技术工具会让表达如虎添翼，完全脱离现实原型的再现和表达，将失去切题的意义。本课程通过平面设计和工业设计助力设计工具的案例，帮助学生深入理解表达在再现中承担的角色，及其对空间创造过程带来的巨大影响。

4. 面对现实的实践：评价标准的问题
REAL-WORLD-ORIENTED CRITERIA

创新空间该如何定义？如果这个概念暂时无法清晰界定，那么具有创新性的空间将如何评价？评价标准倒过来会引导设计方法和设计目标。本课程首先关注的是那些确定和客观的标准，引导学生优先介入身边的环境与空间（主要在校园空间中挑选相关实例），在提出方案的同时进行实操，甚至达到实际运营的标准。在这一互动的过程中，设计师、使用者和管理者的角色一步步互换，使得评价的生成与标准的被生成相互推进。

5. 从建筑体验、设计策略、空间思考广义设计学
SMALL AND BIG DESIGNS

基于空间的思考与实践不可避免地从建筑学开始。一方面学生们需要了解建筑学的内容，比如人与城市 / 建筑的关系，建筑设计的基本原理和路径，建筑结构和施工的基本常识，建筑空间对人和社会的影响，等等；另一方面，其中又包含着广义的设计学内容，从"城市设计"直至产品、标志、室内设计和大尺度建筑设计的广泛合作。本课程通过对空间设计改造的案例讲解，让学生理解"大设计"在现实空间中的一体性和包容性，与此同时，理解在面对现实时各种门类所具有的局限性。

6. 干预、改造和共生的目标与策略
CRITICS SESSION

创新空间的设计牵动着物与物的关系、物与人的关系，也协调着人与人的关系。空间创新最终应该变得高效、可重复、富有创造力，为了达到这一目标，不得不事先广泛了解他人对于个体创新的看法，达到基本面的共识。本课程侧重于邀请不同视角的课外专家和课程评议人，基于意义、经济性、表达方式和实践潜力，对学生创想案例进行"破局"式的讲解评议，让同学从评价的层面理解设计，并逆向重塑对于目标与策略的理解。

7. 汇报和评讲
REVIEWS AND REPORTS

对课程的内容进行全面回顾，并且对学生的期末项目进行点评与总结。有条件的时候，课程可以在现场进行，邀请当事人参加，结合恰当比例的模型和沙盘，展示实物样板和材料。课程汇报和评讲有利于阶段性总结，将会是对于课程成果重新思考的开始。

● 最终考核成绩内容及评定构成
GRADES

1. 期末考核内容为利用课程所学知识，独立设计出一个创新空间的原型，并以各种技术手段予以展示、呈现和讲解，全面评估其可行性并提出使用设想。

2. 基础要求是对于课程内容有全面深入的基本理解，完成大作业、三分之二以上的平时作业、期末作业。不得无故缺席三次以上。

3. 在完成基础要求的前提下，最后大作业的完成质量（针对特别优异或低劣的作业），视情况向上、向下浮动两个等级，平时作业的上交及完成质量，视情况向上、向下浮动一个等级。